KB145613

GOLF D'Amore

골프 다모레

그래서 꿈길을 걷다.

이 책의 근원은

사랑하는

나의 가족입니다.

잠자리에 든다.

그리고 깃드는 꿈.

잠에서 깨어

스쳐간 그 흔적을 더듬어본다.

꿈은

살아 내온 궤적으로부터의

흐릿한 편린들 모음이다.

지친 일상에서 짬을 내어

필드로 나서는 것은

소중한 사람들과의 나눔

새로운 사람들과의 신선한 만남을 통해

나의 내일을 미소 짓게 할

꿈을 꾸기 위함이다.

그래서 나는

오늘도 귀한 시간을 내어

괴나리봇짐을 매고 **꿈길**을 걷는다.

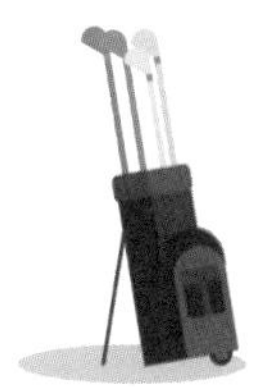

/ 하와이

남부 캘리포니아

Rancho Palos Verdes / Norco / San Clemente / Glen Ivy / Oceanside / Mira Loma / Rancho Cucamonga / Santa Ana / Corona / Chino / City of Industry / Riverside / Dana Point / Long Beach / Fullerton / Mission Viejo / San Juan Capistrano / Anaheim / Irvine / Rancho Santa Magarita / Yoba Linda / Tustin / Lakewood / La Habra / Costa Mesa / Huntington Beach / Aliso Viejo / Diamond Bar / Beaumont / Fountain Valley

란초 팔로스 버디스
Rancho Palos Verdes

Los Verdes Golf Course

Trump National Golf Club

이유 없는 반항 그리고 극과 극

Los Verdes Golf Course 와 Trump National Golf Club

과거 청소년의 우상이었던 제임스 딘James Dean과 나탈리 우드Natalie Wood가 주연으로 나온《이유 없는 반항Rebel Without a Cause》이라는 영화가 있었다. '반항' 이라 함은 유무형의 자리차지한 자 입장에서의 표현이요, 더 나아가 '이유 없는' 이라는 수식어까지 붙이면 한편 섬뜩하기까지 한데, 그만큼 처절함에 대한 표현이었으리라.

이 영화는 방황하는 십대의 몸부림과 그 슬픈 결과를 담아내었다. 절벽 옆 도로에서 벌어지는 목숨을 건 유명한 자동차 경주가 이 영화에서 깊은 인상을 주는데, 그 장면의 배경이 된 곳이 바로 란초 팔로스 버디스 라고 한다.

Rancho Palos Verdes의 스페인어 지명은 '푸른 나무 구역'이라는 의미를 갖는다. 이곳은 미국 내에서 집값이 가장 비싼 지역들과 어깨를 견주는 고급 주택지대로 알려져 있다. 전통적인 부촌인 뉴욕 맨해튼의 Upper East Side, 뉴욕 롱아일랜드의 비치타운과 최근 급부상한 캘리포니아 실리콘밸리, 로스 알토스 힐Los Altos Hills과 비교될 정도이며, 이 지역의 평균 주택 가격은 130만 달러를 상회한다고 한다.

바로 이러한 배경 때문에 전임 대통령의 아들이 이곳에 주택을 소유한 것으로 확인되면서 한때 세간의 이목이 집중되기도 하였다. 누구의 아들이던지 자기 능력 힘껏 노력해 이룩해낸 일이야 언제든 박수받아 마땅하거늘 앞으로는 이러한 과거의 불행한 일들이 반복되어지지 않으리라.

이런 유명세를 타는 지역인 란초 팔로스 버디스에 아름답게 조성되어있는 너무도 대조적인 2개의 골프장이 있다.

바로 Los Verdes Golf Course와 Trump National Golf Club이다.

Los Verdes Golf Course

Address: 7000 Los Verdes Drive, Rancho Palos Verdes, CA 90275

로스 버디스 골프 코스는 1964년에 개장한 오래된 골프장이다. LA 카운티에 위치하고 있는 25개의 퍼블릭 골프 코스 중에서 연중 라운딩 횟수로는 1~2위를 다툴 정도로 인기가 높은 곳이다. 이 골프장은 바다를 조망하며 플레이 할 수 있음에도 불구하고 그린피Green Fee마저도 매우 저렴하기 때문에 누구에게나 라운딩 1순위에 오른다. 그만큼 부킹하기가 매우 어려운 골프장이기도 하다.

블랙티Back tee 기준으로 전장 6617야드Yard, 파Par 71, Course Rating: 71.7, Course Slope: 121로 구성된 코스이다.

여기서 Course Rating은 다음과 같이 정의된다. 『18홀 모두에서 파 플레이가 가능할 정도로 숙련된 골퍼Scratch Golfer가 이 코스에서 플레이 했을 때의 기대 스코어』 따라서 이런 의미로부터 유추해보면 Course Rating이 71보다 약간 높은 71.7이므로 Expert Golfer에게도 다소 어려운 코스라고 볼 수 있다.

또한, Course Slope는 보기 플레이를 하는 골퍼Golfer를 기준으로 산정되는 값이다. 보통 55에서 155 사이의 값으로 나타내는데, 통상 113을 평균적인 혹은 표준적인 코스로 볼 때, 이 값보다 크게 되면 역시 난이도가 높음을 의미한다. 따라서 이 코스는 보기 플레이어에게는 조금 더 어렵다고 볼 수 있다.

이처럼 난이도를 모호한 말로 표현하는 것 보다 구체적으로 나타낼 수 있다는 장점이 있다. 핸디캡을 산정할 때도 다음과 같이 적용된다.

핸디캡 = (총타수 − Course Rating) × 113 / Course Slope

이들 두 지표는 물론, 어떤 티에서 플레이를 하느냐에 따라서도 달라진다. 코스에 여러 개의 티 박스를 조성하는 이유도 골퍼 각자의 수준(?)에 맞도록 동반자들과 공평한 조건에서 플레이할 수 있게 하는 배려인 셈이다. 그러나 대부분의 일에서 그렇듯 불공평한 게임을 반복하게 된다.

복잡한 숫자놀이에서 벗어나 Los Verdes Golf Course로 가보자. 이곳은 앞으로 전개될 코스의 형상을 가늠할 수 없는 블라인드 홀들도 제법 많고, 페어웨이Fairway의 경사가 대단히 큰 홀들이 라운딩의 재미를 배가 시켜준다.

특히나 이 골프장은 관례적으로 3시 이전에는 지역 주민에게 플레이할 우선권을 준다는 말도 있다. 지역 주민 우선 정책이라고나 할까? 이런 저런 복잡한 이유는 모르겠지만, 오후에는 5명이 한 팀 되어 플레이하는 것도 심심치 않게 볼 수 있다. 그래서 이 골프장에서는 하염없는 기다림의 미덕도 배우게 된다. 라운딩에 최소 5시간 이상을 소요하면서 말이다.

2번 홀 그린Green에서 바다를 바라본다.

인접한 주택가 너머로 청명한 하늘과 맞닿은 수평선이 보인다. 이런 지형적 특성을 가진 아름다운 골프장이 일반 대중에게 겨우 20달러를 다소 상회하는 저렴한 가격에 열려 있다는 것은 크나큰 행운이요, 축복인 셈이다. 부럽고 서럽기까지 하다.

11번 홀.

티잉 그라운드Teeing Ground에 서서 펼쳐진 바다를 본다.

고저차가 심한 다운힐.

스코어 카드를 본다.

파 4.

305야드.

얼굴에 미소가 번진다.

이 홀은 재미있는 게임장이다.

티잉 그라운드에 서면,

누구나 단 한 번에 그린에 올리겠다는 원온의 꿈에 부푼다.

골프백에서 드라이버를 힘차게 빼어들고 호쾌하게 샷을 하는 순간 깨닫는다.

어깨에 지나치게 힘이 들어가면 어떻게 되는지를.

모두에게 이글, 버디의 강렬한 유혹에 눈멀게 하는,

동반자들의 한 샷 한 샷에 모두가 환호성과 장탄식을 쏟아내게 하는, 그래서 더욱 더 매력 있는 홀이기도 하다.

눈앞에 펼쳐지는 모습너머, 어디까지가 바다요 하늘인지 구분지어지지 않건만, 저 멀리 유유히 떠 있는 하얀 유람선이 여기는 바다라고 외친다.

Rancho Palos Verdes

해당 골프 코스에서 가장 아름답고 상징적인 홀을 시그니처 홀 Signature Hole이라고 부른다.

15번 홀.

445야드, 파 4로 조성되어있다.
티잉 그라운드에서 보면 좌측으로 휘어져 강아지의 다리처럼
보이는 도그레그 홀Dogleg Hole이다.

티샷 지점에서는 지극히 평범한 홀이다.
세컨드 샷 지점에 서면, 눈앞에 펼쳐지는 풍광에 눈이 먼다.
그리고 깨닫는다.
이곳이 왜 시그니처 홀인지, 왜 골프잡지에도 심심치 않게 소개되는지.
이 코스의 달콤한 유혹인 게다.

태평양 바다위로 펼쳐진 저녁노을.
그 아름다움에 취해 다음 샷을 잊는다.
늦은 시간에 플레이해야 하는 나에게 주어지는 선물이요,
감사히 받는 호사이기도 하다.

Trump National Golf Club, LA

Address: 1 Trump National Drive, Rancho Palos Verdes, CA 90275

이곳은 부동산의 귀재 도널드 트럼프Donald Trump가 소유한 골프장이다. 정식 명칭은 Trump National Golf Club, Los Angeles이다. 도널드 트럼프는 스코틀랜드Scotland, 두바이Dubai 등 미국 외의 지역에도 많은 골프장을 소유하고 있지만, 특히 미국 내 골프장에는 Trump National Golf Club이라는 명칭을 쓰고, 뒤에 지역명칭을 병기한다. 대표적인 곳으로는 BEDMINSTER, NJ / CHARLOTTE, NC / COLTS NECK, NJ / WASHINGTON DC / HUDSON VALLEY, NY / JUPITER, FL / PHILADELPHIA / WESTCHESTER, NY 등이 있다.

지금 소개하는 골프장은 그 스스로 골프 잡지와의 인터뷰에서 페블비치Pebble Beach 골프장보다도 훌륭하다고 자화자찬自畵自讚했던 곳이다.

과거에 이 골프장은 Ocean Trails Golf Course라는 이름으로 운영되었던 곳이다. 폭우로 인하여 몇 개의 홀이 무너진 후, 어려움을 겪다가 결국 부도가 나서 도널드 트럼프가 인수하였다. 그 후, Tom Fazio와 함께 코스를 재설계해서 2006년에 개장을 했다고 한다.

태평양 바다에 인접한 절벽을 따라 꾸며진 아름다운 골프장이다.

덕분에 바람이 매우 거세게 불어서 라운딩이 만만치 않다. LPGA 투어 대회가 열리기도 한다. 이런저런 유명세 때문인지 퍼블릭 골프장이면서도 그린피가 300달러가 넘는, 미국에서는 엄청나게 비싼 골프장에 속한다.

코스는 자연그대로의 모습과 인공 조형물이 조화를 이루는데, 특히나 2개의 인공폭포는 이 코스의 공동 설계자로 이름을 올린 도널드 트럼프의 작품일거라는 생각이 든다. 카트에 설치된 아이스박스에 물 2병이 제공되는데, 재미있는 것은 물병의 상표에도 트럼프의 얼굴이 있다는 것이다.

파 71인 이곳에는 Black, Blue, White, Red, Yellow의 5개 티 박스로 구분된다. 블랙티Black tee는 전장 7242야드, Course Rating: 75로 우리네가 범접할 수 없는 세상이다. 블루티Blue tee는 전장 6291야드이지만, Course Rating: 72.1, Course Slope: 138로 만만함과는 거리가 먼 코스다. 이곳은 물리적 거리보다는 굴곡이 매우 심하고 단단한 페어웨이와 곳곳에 도사리고 있는 벙커들, 그리고 가장 관건인 바람 속에서 어떻게 플레이 하는지를 평가받는 코스인 셈이다.

고풍스럽고 멋진 Name Tag에 이름을 새겨주는 이벤트도 있다.

1번 홀은 314야드, 파 4로 구성되어 있다.

가벼운 마음으로 스타트 할 수 있도록 배려한 홀이다.

페어웨이가 넓다.

정면에 보이는 인공폭포 바로 앞에 그린이 있다.

이러한 서비스 홀은 이것이 처음이자 마지막이다.

숨쉬는 것조차 조심스럽다.

펼쳐진 아름다운 풍광이 흩어 날아갈까…

10번 홀.

티잉 그라운드에 선다.
해안 절벽을 따라 만들어진 홀.
저 멀리 하얗게 부서지는 파도가 시야에 들어온다.
스코어 카드를 확인한다.
300야드, 파 4.
눈을 의심한다.

거리가 짧다고는 하지만 만만치 않은 바람을 느낀다.
잔디를 뜯어 날려본다.
그리고 깊은 숨 한번.
이제 방향을 가늠하여 티샷을 한다.
바람을 탄다.
마치 페이드Fade 샷처럼.
다행히 그나마 넓은 곳으로 안착한다.

안도의 숨.
그제야 노랗게 만개한 꽃들이 눈 속으로 들어와 날린다.
척박함을 뛰어넘는 아름다운 홀이다.

Rancho Palos Verdes

바람과의 사투 속에 드디어 마지막 홀에 이른다.
저 멀리 거대한 성조기가 나부낀다.

18번 홀.
391야드, 파 4로 구성되어있다.

티잉 그라운드에 서면 벙커들이 시야를 가득 채운다.
그린이 하얗게 포위되었다.
페어웨이 중앙에도 항아리 벙커가 도사리고 있다.
피해야 할 장애물이 확실할 때에는 그것이 큰 부담이 된다.
그러나 그것이 분산되어 있을 때에는 오히려 마음이 편하다.

강렬한 햇살이 바다를 때린다.
은빛 비늘이 퍼진다.
눈이 부시다.

다시금 눈에 차오는 거대한 성조기.

비싼 그린피 때문에 플레이 할 엄두를 내기 어려운 곳이었지만 프로모션 기간의 행운을 얻어 거의 반 가격에 라운딩을 할 수 있었다.

3 Some 플레이.

동반자들은 디즈니랜드에서 일한다고 한다. 그중 한 사람은 하체가 일반인의 반 정도인 성장 장애를 거쳤지만 너무도 유쾌하게 라운딩을 이끌어, 오히려 나에게 즐거운 추억을 선물해 주었다.

절망의 깊은 터널을 온전히 지나면 그 누구도 가지지 못한 그 무엇으로 타인을 보듬어 줄 수 있는 듯.

18번 홀의 그린에서 태평양을 바라본다.

저 멀리 운무에 싸여 신바감마저 느끼게 해 주는 카탈리나 섬Catalina Island이 희미하게 돋아난다.

아이러니하게도 그 시대를 풍미했던 여배우인 나탈리 우드Natalie Wood의 주검이 발견된 곳이기도 하다.

유명인이 된다는 것은 평범한 마무리를 담보로 이루어지는지도 모르겠다.

노르코

Norco

Hidden Valley Golf Club

황무지의 숨겨진 오아시스
Hidden Valley Golf Club

Address: 10 Clubhouse Drive, Norco, CA 92860

LA 남동부에 유명한 휴양지인 팜스프링이 있다. 이곳에서 동쪽으로 멀지 않은 곳에 조슈아트리 국립공원Joshua Tree National Park이 있다. 이 공원의 명칭은 이 지역에 널리 분포하는 조슈아 나무라고 하는 사막성 기후에서 자생하는 식물의 이름을 따서 붙여졌다고 한다. 과거, 이곳에서 생활하던 카우보이들의 소를 훔쳐 도둑들이 숨어살 던 곳이

유명한 히든밸리Hidden Valley이며, 이 공원의 대표적인 트레일Trail 코스 중 하나이기도 하다.

여기에서 소개하는 히든밸리 골프클럽은 조슈아트리 국립공원의 히든밸리와 혼동될 수 있지만, 사실은 리버사이드 카운티Riverside County의 코로나 북부에 인접한 노르코Norco 지역에 위치한 골프장이다. 바위 투성이의 황량한 불모지로 이루어진 지역이라고는 믿기지 않을 정도로 짙푸른 녹색의 코스가 절묘하게 자리 잡고 있다. 이런 연유로 골프장의 이름이 붙여진 것이 아닐까 추측해 본다.

재미있는 것은 한국에도 동일한 이름의 골프장이 존재한다는 것인데, 충청북도 진천군 백곡면 갈월리에 위치한다. 마치 지금 소개하는 미국의 골프장과 위치와 느낌이 유사하다. 그래서 이름이 중요하다고

하는 것인가 보다.

Hidden Valley Golf Club은 전장 6751야드, Course Rating: 73.7, Course Slope: 145의 파 72로 구성되어있다.

출발에서부터 매우 당혹스럽게 만든다. 1번 홀은 완벽한 블라인드 홀이기 때문에 이 코스에 익숙한 동반자의 설명 없이는 플레이가 거의 불가능할 정도이다.

이 골프 코스에서는 파 3홀들이 특히 인상 깊다. 협곡을 넘겨 티샷을 하도록 되어있는 5번 홀은 196야드로 조성된 파 3의 홀이다. 얼핏 보면 파 4홀인 줄 알 정도로 특이한 배치를 갖는다. 다행인 것은 그린 앞쪽에 레이업 공간이 제법 넓게 펼쳐져 있기 때문에 이를 활용한 전략적 접근이… 는 무슨. 그저 파로 막을 수 있으면 감사할 따름이다.

이 골프장의 시그니처 홀이라고 부르고 싶은 15번 홀.

574야드 파 5로 구성되어있다.

정면의 벙커와 맞은편 나무를 기점으로 우측으로 90° 심하게 휘어지는 도그레그 홀이다.

이 홀은 티잉 그라운드와 페어웨이의 높이 차이가 상상을 뛰어넘는다.

고소공포증이 있는 사람이라면 심한 현기증을 느낄 수도 있겠다.

그러나 이러한 무대는 연기자에게 평생 가져갈 추억을 선물한다.

벙커 우측 방향 중앙으로 티샷을 한다.

그 후 확인한다.

공이 정말로 지루할 정도로 날아가고 있는 것을.

그래서 엄청난 장타를 날린 것 같은 즐거운 착각을 선사해준다.

고맙고 짜릿한 홀이다.

이렇게 고저차가 심한 다운힐의 홀은 Anaheim에 있는 골프장을 포함하여 손에 꼽을 만하다.

카트를 타고 내려가는 길.

이 또한 짜릿함의 연속이다.

다운힐인 13번 홀은 148야드 파 3로 구성되어있는데, 그린의 좌우측이 모두 암석지대로 되어있고, 그린을 오버하게 되면 역시 OB가 되는 마치 성처럼 솟아있는 멋진 홀이다. 가끔 광고 방송을 통해 빌딩에서 빌딩으로 티샷을 하는 이벤트가 방영되는 것을 보기도 하는데, 마치 주인공이 된 듯한 황홀감을 준다.

그러나 현실은 냉혹하다. 이 홀 또한 바람이 거세게 부는지라 플레이하기에는 대단히 어렵다. 흔히들 골프는 운이 칠이요 기술이 삼이라 운칠기삼運七技三이라고도 하고 운도 실력이라고 하지만, 행운을 만들기 위한 감각이 몹시도 그리운 홀이다. 역시나 오늘도 클럽 3개를 뽑아 들고 가서 애꿎은 잔디만 속절없이 날려본다.

179야드 파 3로 조성된 16번 홀.

이곳도 제법 큰 고저차를 가지는 홀이다.

얼핏 평이해 보일 수 있지만 플레이가 만만한 홀이 아니다.

경험적으로 안다.

코스의 평범함에는 숨겨둔 그 무언가가 있음을.

여기도 예외는 아니어서 그린 좌측에서 우측으로 부는 바람이 매우 강하다.

허나 처음 플레이하거늘 이곳의 특성을 어찌 알겠는가.

불행히도 첫 티샷을 했고 그린을 향한 공은 엄청난 슬라이스를 낸 것처럼 휘어지더니 우측의 워터 해저드로 빠지고 말았다.

무덤덤한 동반자들의 말에 의하면 오후에는 이처럼 바람이 더욱 더 거세진다고 한다.

아니 그것을 이제야 말해준단 말인가.

마지막으로 바람을 태운다.

골프란 자연을 이기려고 하기보다는 그와의 조화로움을 배우는 운동이라는 것.

다시금 실감한다. 이러한 황무지에 워터 해저드라는 존재가 경이롭기까지 한데, 그들은 이곳을 오아시스라고 불렀다.

온갖 공들이 모여드는.

샌 클레멘테
San Clemente

Shorecliffs Golf Club

Talega Golf Club

San Clemente Municipal Golf Course

스페인의 향취 & 1번 아이언의 존재감

Shorecliffs Golf Club - Talega Golf Club
- San Clemente Municipal Golf Course

오렌지 카운티에 속한 샌 클레멘테시San Clemente는 스페인 분위기를 물씬 풍기는 멋진 곳이다. 바다가 내려다보이는 비탈진 언덕에 연붉은 기와 주택들이 어우러져서. 이곳에는 전임 대통령이었던 리차드 닉슨의 별장인 웨스턴화이트하우스Western White House가 있다. 또한 말리부 비치Malibu Beach, 헌팅턴 비치Huntington Beach, 롱비치의 씰비치 피어Seal Beach Pier와 더불어 남부 캘리포니아의 유명 서핑지로 손꼽히는 곳이 있다. 바로 샌 클레멘테San Clemente의 트레슬Trestles이다.

이 지역에 있는 대표적인 골프 코스 3곳을 소개한다.

Shorecliffs Golf Club

Address: 501 Avenida Vaquero, San Clemente, CA 92672

1960년 존 F. 케네디와의 대선에서 패한 후, 절치부심 끝에 1968년 37대 대통령으로 당선되고, 1972년 재선에 성공한다. 그러나 그 유명한 워터게이트Watergate 사건으로 권좌에서 물러나야했던 불운한 대통령으로 기억되는 리차드 닉슨Richard Milhous Nixon.

바로 그가 대통령으로 재임하던 시절 홈 코스로 애용했다는 골프장이 쇼어클리프 골프 클럽이다. 그러나 현재 이곳은 그러한 수식어가 무색할 정도로 소박하다. 오히려 그래서 더 정겹다.

Shorecliffs Golf Club은 전장이 6179야드이며, Course Rating: 70.6, Course Slope: 130의 파 72로 조성되어있다.

이곳은 코스 전체 길이가 짧은 대신에 직선으로 된 홀이 드물다. 코스의 지리적 특성이 반영된 결과이겠지만, 블라인드 홀Blind Hole들이 많다. 특히 1번, 9번 홀은 90°로 급격히 꺾이는 재미있는 홀이다.

자 이제 6번 홀로 향한다.

스코어 카드를 본다. 파 4라는데 거리가 303야드 밖에는 되지 않는다. 묘한 긴장감이 돈다. 이런 홀은 대부분 고약한 홀임을 알기에 궁금한 마음에 들뜬다. 티잉 그라운드에 서서 바라본다. 역시나 좌측에 보이는 캐치벙커Catch-up Bunker 옆으로는 OB 지역이다. 머릿속으로는 멋진 페이드 샷을 구사한다. 허나 금방 깨닫는다. PGA 투어 중계를 보고 있는 것이 아니라는 것을. 사실 이런 홀은 아이언으로 티샷을 해도 무방하다. 그러나 손에는 이미 드라이버가 들려있다. 나도 모르는 사이에. 동반자의 볼이 우측으로 밀린다. 그리고 카트 길을 맞고 튄다. 찾을 수 있을 것 같다며 그대로 진행한다. 다행히도 그 공은 그린 앞에 떡하니 자리 잡고 있었다. 역시 골프에서는 샷 하나하나에 너무 진지하게 일희일비一喜一悲 할 필요가 없음을 다시금 깨닫는다.

13번 홀에 이른다.

티잉 그라운드에 서서 보니 그린은 보이지도 않는다. 다만 그 앞 양측에 커다란 벙커 두개가 허연 이빨을 드러내고 입을 쩍 벌리고 있다. 이 홀은 심한 오르막으로 조성되어있는, 179야드의 파 3홀이다. 하이브리드 클럽을 잡는다. 아이언도 아닌 것이 그렇다고 우드라 할 수도 없는, 생긴 것도 고구마처럼. 아무렴 어떠랴 개개의 장점이 극대화되는 클럽이라는데. 골프뿐이랴, 이제는 애매함에 대한 해법은 하이브리드Hybrid인 듯하다.

아니 더 나아가 이질적 분야 간의 합종이 대 유행이다.

'융합Convergence'

얼마나 근사한 말이란 말인가?

그러나 분야 간 경계를 자유롭게 넘나들 수 있으려면,

또한 그 만한 내공을 쌓기 위해서는,

엄청난 노력이 수반되어야 함을.

단지 어설프게 마구 섞어대는 퓨전이 아니려면…

융합!

어쩌면 유형의 장벽 보다는 경직된 사고의 철옹성이 더욱 지치게 할지도.

우여곡절 끝에 13번 홀의 그린에서 티잉 그라운드를 내려다본다.

고얀 사람.

Joe Williams가 1965년에 코스 디자인을 했다고 한다.

우리가 살아가는 삶이 그러하듯, 호된 홀만 있는 것은 아닌 게다.

183야드, 파 3로 구성된 15번 홀.

탁 트인 시야.

후련하기까지 하다.

조금 짧더라도 혹여 굴러서 올라갈 수도 있는.

그래… 이래서 팍팍한 세상을 살아, 나아갈 수 있는지도.

그리고 뒤돌아보면 사실 이런 홀들이 더 많았음을.

이 골프장의 독특함은 홀과 홀 사이를 이동할 때 사진과 같은 배수로를 이용하게 된다는 것 이다. 그 횟수도 제법 많다.

카트를 타기로 한 선택이 탁월했음을 스스로에게 각인시킨다. 굴을 통과할 때 마다.

아쉽게도 청정수가 아님을 확인하면서는 더욱 더.

그래도 돌고래 그림이 낯설지 않다.

때마침 지나던 동물가족 버스 덕분에.

Talega Golf Club

Address: 990 Avenida Talega, San Clemente, CA 92673

Talega는 스페인어로 '물건을 담는 자루'나 '그 자루에 담는 물건' 좀 더 확장해서는 '어느 정도의 돈'이라는 사전적 의미를 갖는다는데, '최고로 멋지다'라는 의미로 'Que Talega'라는 속어적 표현도 있다고 하니, 이 골프장의 명칭은 후자에 더 가까운 의미로 받아들이는 것이 나을 듯하다. 골프다이제스트와 ESPN으로부터 미국 내 수위의 골프장으로 랭크되었다고 명시하는 것을 보면 더더욱 그럴듯하다.

2001년에 개장한 비교적 신선한 이 골프장의 티 박스는 Copper, Blue, White, Red tee로 구성되어 있다. 구리티Copper tee 기준으로 전장 6951야드, Course Rating: 73.6, Course Slope: 137의 파 72로 조성되어 있다. 미국인들이 대단히 호감을 갖는 PGA 골프선수인 Fred Couples가 코스 디자인을 했다고 한다.

라운드Round를 마치고 스페인풍의 클럽 하우스에서 느긋하게 맥주 한잔을 곁들여 즐기면 행복감이 배가 될 것이다. 개인적으로 첼로의 울림과 그 소리를 좋아하는데, 가스파르 카사도Gaspar Cassado의 첼로와 피아노를 위한 고대 스페인 풍의 소나타Sonate Dans le Style Espagno라는 곡이 이곳 정취와 잘 어울릴 것 같다.

참으로 매력적인 음색을 갖는 첼로의 연주자들 중에는 러시아 출신들이 많다. 하이페츠Jascha Heifetz, 루빈스타인Arthur Rubinstein과 함께 백만 불 트리오로 불렸던 포이어만Emanuel Feuermann과 피아티고르스키Gregor Piatigorsky, 대중에게 너무도 잘 알려진 로스트로포비치Mstislav Rostropovich 등이 대표적이다. 반면, 이들과 달리 구 소련의 장막 속에 갇혀(?)있던 다닐 샤프란Danil Shafran의 연주도 좋아한다. 앞의 곡과 더불어 슈베르트의 아르페지오네 소나타Arpegione Sonata도 가슴속으로 밀려든다.

3번 홀의 티잉 그라운드에 선다. 341야드의 파 4로 조성되었다. 이곳도 역시 거리가 짧은 반면에 온통 벙커들로 가득 찬 홀이다. 골프에서 가장 어려운 것이 똑바로 길게 치는 샷이라고 했던가? 세계 랭킹 1위를 하던 신지애 선수가 LPGA 무대를 접은 것은 '길게'가 발목을 잡아서라는 기사도 있었다. 하물며 우리에게는 이렇게 벙커 그물이 넓게 걸려 있으면 오히려 마음이 편해진다는 역설이.

5번 홀은 무자비한 곳이다.

내리막. 시원하다.

하지만 228야드의 무지막지한 거리를 가지는 파 3의 홀.
스코어 카드Score Card를 다시 확인해 본다.
화이트티White tee도 185야드.
그것도 모자라 정면의 워터 해저드를 넘겨야하는 부담까지 안겨준다.
고맙기까지 하다.
어떤 선택을 해야 할까?
아마도 원온의 허세가 아니라 최악의 참사를 피하는 것,
설령 돌아가더라도 그것이 최상의 방법이리라.
그래도 청명한 하늘빛을 온전히 받아내는 그린이 두 팔 벌려 어서 오라 손짓한다.

8번 홀로 향한다.

티잉 그라운드 옆의 소나무와 소박한 그늘이 정겹다.

161야드의 파 3. 제법 심한 오르막의 홀이다. 그린 주변에는 햇살을 가득 담은 유난히 흰 벙커들이 가득 차 있다.

그러나 우리는 차마 아름답다고 하지 못한다. 아니 그만큼의 여유로움을 몹시도 그리워하는지도.

야자수와 소나무.

그 낯선 어울림의 풍경.

이제 마지막 18번 홀에 도착한다.

내리막으로 조성되어 한눈에 알몸이 드러난다.

거리는 428야드, 파 4의 홀. 워터 해저드Water Hazard가 그린을 부드럽게 감싸고 있다. 우측으로는 공간도 넉넉하다. 그린으로 직진하면, 다운힐Downhill로 조성되어 있기에 세컨드 샷도 내리막 라이에서 하게 될 가능성이 크다.

자 이제 그림이 그려졌으니 라임Lime 향 머금은 시원한 맥주 한잔을 위하여 클럽 하우스로 간다.

San Clemente Municipal Golf Course

Address: 150 East Avenida Magdalena, San Clemente, CA 92672

기타를 잘 치는 사람들이 많다. 그중에서 에릭 클랩튼Eric Clapton, 지미 페이지Jimmy Page, 제프 벡Jeff Beck, 지미 핸드릭스Jimi Hendrix 등이 가장 잘 연주하는 이들로 회자된다. '가장 잘' 참 익숙하면서도 어색한 표현이다. 어쩌면 그들을 이런 잣대로 줄 세우는 것 자체가 모욕이리라.

블루스 기타리스트. 슬픔이 마치 눈물처럼 뚝뚝 떨어지는, 그래서 너무도 고독하고 감성적인 연주로 유명했던 게리무어Gary Moore. 'Still Got The Blues'로 친숙한 그가 2011년 58세의 나이로 세상을 달리하며 마지막으로 있었던 곳 스페인. 어쩌면 그곳에서 들려주는 'Spanish Guitar', 'The Loner', 'I Had a Dream'에 흠뻑 취해 5번 프리웨이Freeway를 달린다.

태평양이 점점 가까이 다가온다고 느낄 때 쯤, 내비게이션에서 낭랑한 목소리가 들려온다. 도로 좌측으로 San Clemente Municipal Golf Course가 있다고.

이 골프장은 멀리 캘리포니아 해안선을 조망하며 플레이 할 수 있는 매력을 가진 이유로 인근 골퍼들에게도 손꼽히는 코스라고 한다.

블루티Blue tee 기준으로 6447야드, Course Rating: 70.6, Course

Slope: 124의 파 72로 조성되어 있다. 그러나 스코어 카드에 명시된 것 보다는 어렵게 플레이 된다.

곧게 뻗은 야자수가 마치 장승처럼 서 있다. 티잉 그라운드에 선다. 15번 홀은 196야드의 파 3로 조성되어 있다. 티샷 지점과 그린사이에는 협곡이 가로 지른다. 그린을 내려다본다. 우측의 카트 도로 쪽을 제외하고는 모두 심한 경사지. 조금이라도 부정확한 티샷은 용납하지 않겠다는 심산이다. 그리고 어떠한 운도 허하지 않겠단다. 오직 가파른 포물선으로, 그러나 부드럽고 정확해야만 품어주겠다 선언한 셈이다. 다른 뾰족한 방법이 없다. 이제 한 사람씩 차례로 심사를 받는다. (합당한지.)

온그린On Green만으로도, 단지 그것만으로도, 가는 동안 내내 할 수 있는 한 최대로 가슴을 펴리라. 그린에 도착한다. 부근의 경사마저도 만만치 않다. 그린 옆 카트 도로에서 티잉 그라운드를 바라본다. 저 집의 주인장은 심심할 겨를이 없을 터이다. 시도 때도 없이 들려오는 환호와 한숨 소리에.

미국의 많은 골프장에는 이처럼 경계가 모호한 집들이 주렁주렁 달려있다. 페어웨이를 따라 줄지어 이어져 있는 집들을 상상해 보자. 멋지다. 그 방대한 잔디밭이 정원이 되는 것이다. 허나 대부분의 골프장은 골프 외에는 출입을 엄격히 제한하기 때문에 그저 관상용으로만

만족해야할지도 모른다. 오히려 수시로 날아오는 골프공, 그로 인한 유리창 파손, 이른 아침부터 들려오는 잔디 깎는 소음마저도 쿨 하게 받아들일 수 있어야 할 듯하다.

동반 플레이를 했던 사람 중 한 사람을 소개한다. 구 소비에트 연방USSR 시절에 미국으로 유학 와서 정착했다고 하는데 수염이 특히나 인상적이다. 본인의 홈 코스라며 세심한 배려와 조언을 아끼지 않았던 고마운 동반자였다. 그리고 그의 플레이는 격이 달랐다. 한 200cc나 될까 하는 구형 드라이버로 300야드에 육박하는 장타를 뿜어내는 데에는 절로 탄성이 나왔다. 당신은 사람이 아니고 몬스터라고 했더니 싫지는 않은가 보다. USGA 공식 핸디캡Handicap이 2라고 하는데, 장타뿐 아니라 그 섬세한 플레이에 이내 수긍이 되었다. 그리고 그가 장착한 구형 무기를 보면서 다시금 놀랐다. 본인은 하이브리드 클럽이라고 겸손해 했지 만 1번 아이언의 존재감이란…

글렌 아이비
Glen Ivy

Trilogy Golf Club

진흙온천 & 어설픈 6˚ 드라이버의 슬픔

Trilogy Golf Club

Address: 24477 Trilogy Parkway, Corona, CA 92883

글렌 아이비는 진흙 온천으로 널리 알려진 곳이다. Glen Ivy Hot Springs Spa가 유명하다. 내셔널 지오그래픽National Geographic에서 선정한 북아메리카 최고의 스파들에 당당히 이름을 올리고 있다.

따뜻한 온천 풀에 몸을 담그고 둥둥 떠 있는 여유로움.

Mud club에서의 온몸을 진흙으로 무장한 뒹굴거림.

그려보고 싶은 모습이다.

스파 바로 옆에 위치한 골프장이 Trilogy Golf Club이며, Golf Club at Glen Ivy로 불리기도 하였다.

이 코스는 2002년에 개장하였고, 전장 6673야드, 파 72, Course Rating: 72, Course Slope: 132로 조성되어있다.

페어웨이를 따라 집들이 제각각 목을 길게 내민다.

때론 그 주택가 사이사이를 유유히 활보한다. 카트를 타고. 색다른 경험이다.

17번 홀에 이른다.

187야드의 파 3.

아득히 손바닥만 한 그린이 시야에 들어온다.
레이디티Lady tee와 그린 사이에는 협곡이 가로로 달린다.

조금만 당겨지면 좌측의 나무숲으로,
밀리면 우측의 덤불로,
짧으면 급경사로.
가장 도전적인 홀이다.

'똑바로 길게'가 절실하다.

방법은 하나이다.
'마음을 비우고,
한 클럽 길게 잡고,
부드럽게를 되뇌며'

다시금 다짐하며 티잉 그라운드에 선다.

Glen Ivy

드디어 대장정의 마무리.

18번 홀.

415야드의 파 4.

티잉 그라운드에 서면 장관이 펼쳐진다.

탄성이 절로 나온다.

손에 꼽을 정도로 고저차가 큰 다운힐.

티업.

그리고 부드럽고 강하게.

느낌이 좋다.

환호와 함께 날아가는 공을 지그시 응시한다.

Norco에 있는 Hidden Valley Golf Club

15번 홀. 동질감.

동반 플레이어 중에서 20대 초반의 백인 청년이 골프백에 가지고 있던 드라이버는 로프트 각도가 6°였다. 보통의 아마추어들이 10~11도를 사용하는 것에 비하면 무시무시한 드라이버인 셈이다.

로프트Loft 각도라 함은 드라이버 페이스가 지면과 이루는 각도를 말한다. 물체를 멀리 보내기 위해서는 45°의 발사각이 이상적임을 귀에 못이 박히게 들어왔다. 여러 가지 변수들을 모두 무시하고 최대한 단순히 표현하면 이 로프트 각도가 공을 멀리 보내기 위해 필요한 셈이다. 그런데 스윙 속도가 빠르면 이 각도가 낮아야만 이상적인 탄도를 그릴 수 있다. 110m/h 이상 일 때에야 9° 이하를 고려해 볼 수 있는 것이다.

실례로 타이거우즈Tiger Woods 선수가 데뷔 때 6.5°를 사용하여 화제가 됐었고, 한때 장타소녀로 불렸던 미셸 위 선수가 7.5°를 사용했었다고 하니 6°의 위엄은 엄청난 것이다.

드라이버의 로프트 각도.

필드에서 마초적 허세를 극명하게 드러내는 예 일듯 싶다.

이를 간파한 일부 제작업체에서는 한때 실제 로프트 각도보다 작은 값을 드라이버에 새겨 두었다. 일명 바람만 든 고수들을 양산해 낸 것이다.

마지막 홀에서 백인 청년이 이 드라이버를 빼어 들었다. 그리고 양해를 구했다. 시험용으로 사용해 보고 싶다고. 마치 신성한 의식을 치르는 것처럼 준비를 했다. 그리고 힘차게 티샷을 날렸고 모두들 기대에 찬 눈빛으로 바라보았다. 그러나 여지없이 엄청난 슬라이스와 함께 버펄로 윙 한 팩이 날아가 버렸다. 타구음은 독특하고 참 좋았는데. 물론, 그 청년에게도 플레이용 주 드라이버는 아니었고 본인도 납테이프로 나름 튜닝을 했다지만, 역부족이었던 게다.

예전에 노련한 운전기사는 만원 버스가 되면 "안쪽으로 들어가세요."라는 멘트와 함께 급출발을 하였다. 움직임에 저항하는 성질인 '관성'을 이용해서 내부정리를 한 셈이다. 질량이 그 크기로 나타내어진다. 그러면 회전 운동에 대해서는? 이때는, 회전관성모우멘트MOI : Moment Of Inertia라고 부르며, 회전하는 축에 대해서 질량이 어떻게 분포하고 있는가와 밀접하게 연관이 된다. 요즘 특정 브랜드에서 드라이버에 부착된 무게추를 사용자가 조정할 수 있도록 하는 제품을 출시하고 있는데, 바로 MOI를 적극적으로 활용한 예라 하겠다.

이러한 개념을 적용하면 라운드 도중 갑자기 드라이버 샷이 난조를 보일 때 손쉽게 응급처치를 할 수 있다. 예를 들어 슬라이스가 나는 경우에는 드라이버의 바깥쪽에 납테이프를 붙이면 효과가 있다. 물론 근본적인 문제는 스윙을 점검하는 것이지만 필드에서 이런저런 생각이 많아지면 대형사고로 이어짐을 알기에. 사실 플레이 도중, 대부분의 샷 난조는 스윙의 빨라짐에 그 원인이 있는 경우가 많다. 천천히를 되뇌며 여유를 갖는 것도 좋은 방법.

오션사이드
Oceanside

Arrowood Golf Course

풋풋한 톰 크루즈의 매력 – 탑건

Arrowood Golf Course

Address: 5201 Village Drive, Oceanside, CA 92057

1986년에 개봉한 영화 탑건Top Gun의 촬영지가 되었던 오션사이드는 샌디에이고카운티에 속한다.

탑건은 최고의 사격수를 의미한다. 미국 해군의 전투학교를 최고 성적으로 수료한 조종사에게 수여되는 칭호이기도 하다.

이 영화의 주인공은 톰 크루즈Tom Cruise. 지금은 할리우드의 간판스타로 자리매김 했지만 그 당시에만 해도 풋풋한 신인이었던 모습을 볼 수 있다. 이 영화의 오리지널 사운드 트랙인 'Take My Breath Away'는 그 이듬해 아카데미 주제가상을 수상하기도 하였다.

이 영화에서는 F-14 전투기의 화려한 공중전 장면을 만끽할 수 있다. 톰캣Tomcat 이라는 애칭이 붙은 이 전투기는 1973년 실전 배치된 미국 해군의 주력 함재기로, 최대 속도는 마하 2.34에 달한다. 일반적인 항공기와는 다르게 날개의 각도를 조정하여 움직일 수 있는 가변익 구조가 특징이다.

날개를 펴면 양력 발생에 유리하여 활주 거리를 적게 할 수 있는 등 이착륙에 용이하지만 고속 비행에는 저항이 크다. 이때는 날개를 최대로 후퇴시켜 접은 형태를 취하는 것이 유리하다. 이처럼 항공모함에 탑재되는 전투기의 요구사항을 최대로 만족시키기 위해 가변익 구조를 가지게 된 것이다.

가족들과 동반한다면 남쪽의 유명한 휴양지인 라호야La Jolla에 들러보는 것도 좋다. 해변가에서 느긋함을 만끽하는 물개들을 지척에서 바라볼 수 도 있다.

탑건 촬영 25주년 행사가 열리기도 했던 오션사이드 지역에 Arrowood Golf Course가 있다. 이 골프장은 매우 조용하고 아름다운 곳으로, 블랙티Black tee 기준으로 전장 6721야드, Course Rating: 72.9, Course Slope: 140, 파71의 만만치 않은 코스이다. 한국의 호화로운 클럽하우스에 비해서는 한없이 소박한지 모르지만 따스함이 가득하다. 이곳 골프장들이 다들 그렇듯 질리지 않는 편안함이 좋다.

Starter 및 진행요원들은 백발이 성성한 할아버지들인데, 살아오신 인생의 깊이에서 배어나오는 여유로움 그리고 조크로 풀어가는 매끄러운 진행이 마음을 푸근하게 해준다.

4번 홀은 413야드 파 4로 조성되어있다. 티잉 그라운드에 서면 긴장감이 몰려온다. 코스 설계자인 Ted Robinson Jr.가 가장 좋아하는 홀이 2개가 있다는데 그 중 하나이다. 이 홀은 핸디캡이 1로서 코스 설계자는 역시나 어려운 홀을 좋아하나 보다. 그러나 우리네는 오히려 마음이 편해진다. 골프장에는 홀마다 1에서 18까지 HDCD 핸디캡 가 기록되어있는데, 그 숫자 이상의 핸디캡을 갖는 골퍼는 누구나 그 홀에서 보기 이상의 스코어를 내게 된다는 의미이므로.

6번 홀에 도착하여 그린을 바라본다.

뭔가 어색함이 든다. 분명 파 4홀이라고 했건만.

스코어 카드를 본다.

거리가 282야드임을 확인하는 순간 모두 박장대소.

설계자의 익살스러움이 정겹다.

이제 공은 플레이어에게 넘어왔다.

자 이제 어떻게 공략을 할 것인가?

장타자라면 1시 방향의 벙커 뒤편에 있는 그린을 향해 드라이버를 빼어들 것이다.

그 외에는 모두 2온을 전제로 전략을 세울 것이다. 가장 좋아하는 어프로치 거리로부터 역산하여 티샷Tee Shot 용 클럽을 선정하리라.

물론 일단 드라이버로 편하게 보내고 그 결과에 따라 생각해 보는 쿨한 방법도 있겠다.

GIRGreen In Regulation이 있다. 문자 그대로 정규 타수를 충족시키며 그린에 볼을 올리는 것을 말한다. 즉 파 3홀은 1, 파 4-2, 파 5-3타가 될 것이다. 이 숫자는 투 펏을 하면 파가 된다는 것을 의미하기 때문에 스코어에 미치는 영향이 지대하다.

6번 홀은 코스 설계자가 주는 선물인 셈이다.

루트를 만끽하라고…

11번 홀은 파 3로 오르막 경사지에 그린이 위치한다. 전장은 183야드이다. 그린 앞에는 벙커들이 감싸고 있으며, 그 아래로는 경사가 제법 심하다. 오늘 동반자 중에는 키가 2m에 육박하는 독일계 청년이 있었는데, 호쾌한 장타에 주눅이 들 정도였다. 동일한 클럽으로 더 멀리 보낼 수 있다는 것은 분명 큰 장점이다. 허나 골프라는 것이 꽤나 까다롭다는 것을 안다. 다양한 기술의 조합과 더불어.

그런 점에서 보면, 김미현 선수는 대단한 선수임에 틀림없을 터이다. 자신의 단점을 훌륭히 극복하고 LPGA에서 무려 8승을 거둔 것을 보면. 다시금 현란한 우드 샷의 묘기가 그리워진다.

16번 홀은 파 4로 조성되어 있다.

전장이 465야드나 된다.

이 곳도 설계자가 가장 좋아하는 홀 중에 하나라고 한다.

그나마 내리막의 코스라 핸디캡이 2라고 하지만 어려운 홀임은 매한가지다.

이런 코스가 상대적으로 쉽다고 느낄 수도 있다.

내려다보며 티샷을 한다는 점에서는.

그러나 함정이 있다.

세컨드 샷의 라이.

왼발이 낮은 경사지에서의 샷. 까다롭다.

이 홀처럼 그린 앞쪽에 워터 해저드까지 감싸고 있는 경우라면 최악이다. 이런 라이에서는 로프트 각도가 평지보다 작아지므로 볼을 띄우기도 어렵고 착지 후 런Run도 많이 발생된다.

2온에 대한 과도한 욕심은 타핑과 같은 미스샷을 유발한다.

티샷 결과에 따라 마치 파 5홀처럼 플레이하는 것이 현명할 수도 있다. 정상급 프로 선수들마저도 GIR이 70% 내외이다.

물론 실수에 의한 것도 있겠지만 전략적인 이유도 클 듯하다.

Oceanside

미라 로마

Mira Loma

Goose Creek Golf Club

체인질링 – 와인빌 살인사건

Goose Creek Golf Club

Address: 11418 68th Street, Mira Loma, CA 91752

안젤리나 졸리가 주연으로 나온 영화 중에 와인빌 양계장 살인사건Wineville Chicken Coop Murders이라는 섬뜩한 실화를 바탕으로 한 것이 있다. 안젤리나 졸리가 그 동안의 배역에서와는 사뭇 다른 이미지로의 변신에 성공한 영화다. 국내에서는 2008년에 체인질링Changeling이라는 제목으로 개봉되었다. 이 영화 대사의 90% 이상이 모두 실제의 공판 기록에서 나온 것이라 한다. 그만큼 실화에 가깝게 접근하고자

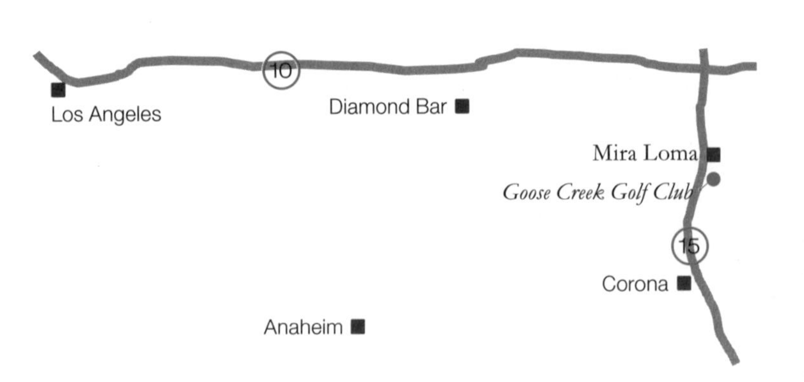

한 것 같다. 영화의 근간이 된 사건의 실제 내용은 끔찍하므로 기술하지 않는 편이 나을 것 같다. 이 영화의 배경이 되었던 와인빌은 사건 후 Mira Loma로 명칭을 바꾸었으나, 아직도 이 지역에는 Wineville Avenue, Wineville Park 등의 옛 지명이 일부 남아있다.

이러한 서글픈 배경의 Mira Loma 지역에 위치한 골프장으로 1999년에 개장한 곳이 Goose Creek Golf Club이다.

블루티Blue tee 기준으로 전장이 6556야드이며, Course Rating: 71.6, Course Slope: 127의 파 71로 조성되어 있다.

5번 홀로 이동한다.

179야드의 파 3홀이다.

그린 좌측에서 앞쪽으로 워터 해저드가 둘러싸고 있다. 그린은 제법 단단하다. 그만큼 세우는 것이 어렵다.

12번 홀은 좌측으로 휘어지는 도그레그 홀이다.

전장이 515야드인 파 5로 조성되어있다. 지형은 평탄하다. 큰 어려움 없이 주변 경관을 즐기며 플레이 할 수 있다.

14번 홀은 326야드의 파 4로 조성되어있다.

거리가 짧은 서비스 홀이다. 그린으로의 직접 공략을 방해하기위해서 좌측에는 커다란 벙커가 있다. 정면의 나무를 향해 유틸리티나 우드로 욕심부리지 않고 티샷을 하는 것이 바람직하다.

마지막 18번 홀에 도착하여 바라본다.

삼요소가 모두 구비되어 있다.

산, 물, 평야.

스코어 카드를 보니 파 4임에도 466야드.

멀다.

페어웨이는 우측으로 워터 해저드를 따라 이어진다.

수량이 많다 이름만큼.

이런 무더운 날씨에는 그 존재만으로도 반갑기까지 하다.

티잉 그라운드에 가면 다양한 색깔의 티 박스가 있다.

그린에서 가장 먼 티를 챔피언티Champion tee, 또는 토너먼트 티Tournament tee라 부른다. 주로 선수들이 치게 되며 블랙티Black tee로 나타내는 경우가 많다. 이 티 박스가 설치된 골프장은 시합을 개최할 수 있을 정도의 규모를 갖추고 있음을 의미하며, 챔피언십 코스Championship Course라 부른다. 파 72를 기준으로 통상 전장이 7000야드 내외로 되어있다.

그 앞쪽에 블루티Blue tee, 화이트티White tee가 있고, 가장 앞에 여성용 레드티Red tee가 있다. 골프장에 따라서는 챔피언티와 레드티 사이를 좀더 세분하여 골드티Gold tee, 실버티Silver tee 또는 오렌지티Orange tee 등을 추가해 놓은 곳도 있다. 통상적으로 아마추어 골퍼가 주로 사용하는 화이트티를 레귤러티Regular tee라고 하는데, 이를 기준으로 뒤에 있는 티를 백티Back tee라고 부르기도 한다. 화이트티와 레드티 사이에 실버나 오렌지티를 두는 곳도 있다. 이는 시니어용 티 박스이다.

티 박스에 따라 게임의 난이도가 완전히 바뀐다. 홀의 전장뿐만 아니라 티잉 그라운드로부터 벙커나 해저드의 위치가 바뀌기 때문에 공략 방법이 달라지는 것이다.

이처럼 티 박스를 다양하게 구비해 놓는 것은 플레이하는 사람들이 공평한 조건에서 즐길 수 있게 함이다. 즉, 골퍼 개개인에게 맞는 합리적인 게임 플랜인 셈이다.

/

란초 쿠카몽가

Rancho Cucamonga

Empire Lakes Golf Course

/

늑대와 춤을

Empire Lakes Golf Course

Address: 11015 6th Street, Rancho Cucamonga, CA 91730

란초 쿠카몽가는 샌 버나디노 카운티San Bernardino County에 있는 도시로 온타리오 국제공항과 인접해 있다. 10, 15번 등 여러 프리웨이가 교차하는 지점이다. 한국의 타이어 기업 3개사 외에도 농심의 미국공장, CJ와 도요타 자동차의 부품 센터 등 여러 기업체의 물류 중심지이기도 하다. 그래서 그런지 미국 내에서도 성장 속도가 매우 빠른 도시로 지목된다.

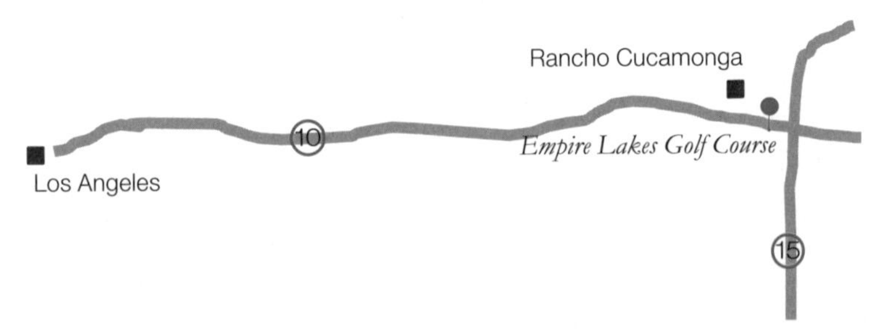

재미있는 발음의 이 도시 명칭은 인디언의 말인 Kukamonga에서 유래했다고 하는데, 모래로 된 땅Sandy Place이라는 의미를 갖는다.

케빈 코스트너Kevin Costner가 주연으로 나왔던 《늑대와 춤을Dances With Wolves》이라는 영화가 있었다. 특이한 이름들이 눈길을 끌었었는데, 이처럼 인디언식으로 이름 짓기는 생일을 기초로 다음과 같이 정한다고 한다. 나의 이름은 어떤 멋진 의미로 다가올까?

만약 생일이 1961년 7월 25일이라면, 태어난 연도 뒷자리 1의 '푸른', 달 7의 '나무', 태어난 날 25의 '정령' 즉, '푸른 나무의 정령' 멋진 이름이다. 그런데 1975년 10월 2일 이라면, '백색 돼지의 기상' 아! 이것은 좀. 본인의 멋진 생일을 선택할 수 있다면야…

• 태어난 년도의 뒷자리

뒷자리	구 분	이 름
0	***0년생	시끄러운, 말 많은
1	***1년생	푸른
2	***2년생	어두운, 적색
3	***3년생	조용한
4	***4년생	웅크린
5	***5년생	백색
6	***6년생	지혜로운
7	***7년생	용감한
8	***8년생	날카로운
9	***9년생	욕심 많은

• 태어난 달

1월	늑대	2월	태양	3월	양
4월	매	5월	황소	6월	불꽃
7월	나무	8월	달빛	9월	말
10월	돼지	11월	하늘	12월	바람

• 태어난 날

태어난 날	이름	태어난 날	이름
1	~와(과) 함께 춤을	17	~의 유령
2	~의 기상	18	~을 죽인 자
3	~은 그림자 속에	19	~은 맨날 잠잔다
4	없음	20	~처럼
5	없음	21	~의 고향
6	없음	22	~의 전사
7	~의 환생	23	~은(는) 나의 친구
8	~의 죽음	24	~의 노래
9	~아래에서	25	~의 정령
10	~을(를) 보라	26	~의 파수꾼
11	~이(가) 노래하다	27	~의 악마
12	~의 그늘, 그림자	28	~와 같은 사나이
13	~의 일격	29	~의 심판자, ~을 쓰러뜨린 자
14	~에게 쫓기는 남자	30	~의 혼
15	~의 행진	31	~은(는) 말이 없다
16	~의 왕		

Empire Lakes Golf Course는 바로 이 란초 쿠카몽가Rancho Cucamonga에 위치한 골프장이다. PGA 투어 선수로 활약 중인 나상욱Kevin Na의 홈 코스였다고도 한다. 또한 PGA 2부 투어Tour의 경기 코스로 쓰인다고 한다.

미국의 남자 프로 골프 리그는 메이저 리그라 할 수 있는 PGA 투어 Professional Golf Association Tour와 50세 이상의 선수들 리그인 챔피언십 투어Championship Tour 그리고 마이너리그라 할 수 있는 2부 투어로 나누어진다. 2부 투어는 2월부터 10월까지의 시즌동안 총 30여개의 대회가 진행되고 상금 랭킹 20위까지만 PGA 투어 자격이 주어진다. 그 공식 명칭도 다음과 같이 연도 별로 바뀌어 왔다.

1990년 – 벤호건Ben Hogan 투어
1993년 – 나이키Nike 투어
2002년 – 네이션와이드Nationwide 투어
2012년 – 웹닷컴Web.com 투어

Empire Lakes Golf Course는 투어 코스임에도 불구하고 그린피는 합리적이며, 코스 구성도 매우 훌륭하다. 블랙티Black tee 기준으로 전장 7034야드, Course Rating: 74.1, Course Slope: 136의 파 72로 조성되어있다.

3번 홀.

334야드의 파 4로 조성되어 있다.

티샷은 호수를 건너야 한다.

골프장 이름에 걸맞게 이 호수는 6개의 홀들에 걸쳐 위치한다. 남부 내륙의 골프장은 대단히 건조한 지역에 위치하고 있기 때문에 이처럼 풍부한 수량의 워터 해저드는 언감생심이다.

착지지점이 넓은 서비스홀이다.

자 이제부터 투어 선수로 변신해 보자.

300야드를 넘나드는 드라이버 샷Driver shot과 백스핀Back-Spin이 걸리는 어프로치 샷Approach shot을 구사하는.

5번 홀은 546야드의 파 5로 조성된 홀이다.

티잉 그라운드에 서면 정면에 짙푸른 하늘과 조화를 이루는 샌 가브리엘산San Gabriel Mountain이 시야에 가득 차 온다. 산위에 걸쳐있는 구름이 정상과 잘 어울려 마치 만년설로 덮여있는 것 같은 모습이다. 다행히 지형이 평탄하다.

206야드의 파 3로 조성된 7번 홀이다. 언제나 그렇듯 그린 앞의 워터 해저드는 중압감을 준다.

11번 홀은 무려 601야드의 파 5.

코스 전장이 길어지는 것이 추세라고는 하지만 다운힐도 아닌 홀에서 600야드.

갈수록 태산이라 225야드의 평지에 파 3로 조성된 17번 홀. 다행히 워터 해저드는 없다. 복잡하던 머릿속이 하얗게 정리된다.

557야드의 파 5로 조성된 18번 홀. 세컨드 샷 지점에서 그린을 바라본다. 이미 마음의 결정은 내려졌다. 그래도 속삭인다. 가능할 수도.

라운드를 통해 알게 되었다.

이런 무지막지한 거리에서 언더파Under Par를 치는 선수들은 사람이 아닌 게다.

2013년 PGA 투어에서 드라이버 비거리 상위 랭커들을 살펴보는 것이 의미가 있겠다.

순위	선 수	비거리 (야드)	정확도 (%)
1	Luke List	306.3	45.58
2	Dustin Johnson	305.8	53.36
3	Nicolas Colsaerts	305.7	53.8
4	Gary Woodland	303.8	57.60
5	Bubba Watson	303.7	58.73
6	Jason Kokrak	303.2	53.17
7	Robert Garrigus	302.4	55.37
8	Rory McIlroy	302.2	57.92
9	Eric Meierdierks	301.9	57.83
10	Ryan Palmer	301.5	57.69

여기서 정확도는 페어웨이 적중률을 의미한다. 예상한 데로 비거리와 정확도는 두 마리 토끼다. 투어에서 가장 정확한 티샷을 하는 선수는 제리 켈리Jerry Kelly이다. 그의 비거리는 273.2야드이며, 정확도는 71.81% 이다. 페어웨이를 지키지 못하면 러프에서, 그보다 심한경우에는 트러블 샷을 해야 한다. 그만큼 리커버리 샷을 잘해야 함을 의미한다.

그렇다면 장타를 치는 선수는 정규타수 안에 온그린 시킬 확률이 높아질까? 2013년 PGA 투어에서 GIR 상위 랭커를 살펴본다.

순위	선 수	비거리 (야드)	정확도 (%)
1	Henrik Stenson	71.96	290.9
2	Steve Stricker	71.16	283.6
3	Graham DeLaet	70.51	298.6
4	Ricky Barnes	70.48	289.4
5	Bubba Watson	69.41	303.7
6	Boo Weekley	69.39	290.9
7	Vijay Singh	69.13	288.1
8	Kevin Stadler	68.92	287.2
9	Justin Rose	68.89	296.6
10	Brendon de Jonge	68.84	286.3

GIR은 스코어에 미치는 영향이 가장 크기 때문에 게임 평가의 중요한 척도가 된다. 단단한 그린에 정확히 볼을 세우기 위해서는 페어웨이에서 정확도가 높은 클럽으로 샷을 한다는 전제가 성립되어야 유리하다. 즉, 정확도가 확보되는 장타, 미스샷에 대한 리커버리 능력 등이 종합적으로 반영되는 것이다.

그러면 GIR이 우수한 선수들이 좋은 성적을 내었을까? 2013년의 Top 10 Finish 성적과 비거리를 비교해서 나타내본다.

순위	선 수	우승 횟수	2등 횟수	3등 횟수	드라이버 비거리
1	Bill Haas	1	0	1	288.2
1	Brandt Snedeker	2	2	1	281.3
1	Jordan Spieth	1	3	0	287.5
4	Billy Horschel	1	1	1	293.8
4	Zach Johnson	1	1	1	278.8
4	Matt Kuchar	2	2	0	284.9
4	Henrik Stenson	2	3	1	290.9
4	Steve Stricker	0	4	0	283.6
4	Tiger Woods	5	1	0	293.2
10	Keegan Bradley	0	2	1	300.6
10	Jason Day	0	1	2	299.3
10	Graham DeLaet	0	1	2	298.6
10	Jim Furyk	0	1	2	275.3
10	Phil Mickelson	2	2	2	287.9
10	Justin Rose	1	2	0	296.6

결국 골프는 어느 한 가지만 특출나다고 해서 버틸 수 있는 종목이 아닌 게다. 퍼팅을 포함해서 모든 영역에서 정상급의 플레이가 가능해야만 좋은 성적을 낼 수 있는 고약한 운동인 셈이다. 그래서 내로라하는 선수들도 더욱 열심히 연습에 매진하는 것이리라.

이처럼 골프 괴물들이 넘쳐나는 PGA 투어에서 고군분투孤軍奮鬪하고 있는 자랑스러운 한국 남자 골퍼들에게 응원의 박수를 보낸다.

선수	비거리 (야드)	정확도 (%)
노승열	298.8	51.5
양용은	286.7	62.79
위창수	282.1	63.02
최경주	278.3	66.04
배상문	285.3	58.39

(2013년도 드라이버 평균 비거리)

산타 애나
Santa Ana

River view golf course

슬픈 역사의 뒤안길

River View Golf Course

Address: 1800 W. Santa Clara, Santa Ana, CA 92706

캘리포니아California에는 스페인식 지명이 많다. 이것은 이 땅의 역사적 배경에서 기인한다. 캘리포니아는 과거 스페인의 식민지요, 나아가서는 스페인에서 독립한 멕시코의 영토였다는 데에 있다.

1836년 텍사스Texas를 놓고 미국과 멕시코 간에 2차례의 전투가 있었다. 두 번째 전투에서는 멕시코 수도가 점령되고, 대통령이 포로로 잡힐 정도의 대 참패를 당하게 되었다. 그 결과, 막대한 전쟁 배상금을 갚기 위하여 캘리포니아를 비롯한 뉴멕시코New Mexico, 콜로라도Colorado, 애리조나Arizona, 네바다Nevada, 유타Utah 등 기존 멕시코Mexico 영토의 약 반을 헐값에 미국에 양도해야만 하였다. 엄청난 비운을 겪은 것이다.

라틴아메리카Latin America에서 미국인을 경멸하는 말로 사용되는 그링고Gringo라는 단어는 그 당시 멕시코의 항구에 상륙한 녹색 복장의 미 해병대여 꺼져라Go Out라는 말에서 유래 되었다고 하니 감정적 앙금이 얼마나 큰 지를 짐작할 수 있다.

산타아나는 오렌지 카운티Orange County에 속한 도시로, 카운티 내에서도 인구가 가장 많다. 이곳 시민의 대부분이 히스패닉Hispanic계 이민자로 구성되어있다. 흔히 느끼는 것이지만, 이들 가족이 차에서 내리는 것을 보면 끝도 없이 내리는구나 할 정도로 대 가족을 이루는 경우가 많다. 요즈음 산타아나는 높은 범죄율 때문에 주거 기피 지역으로 지목되기도 한다.

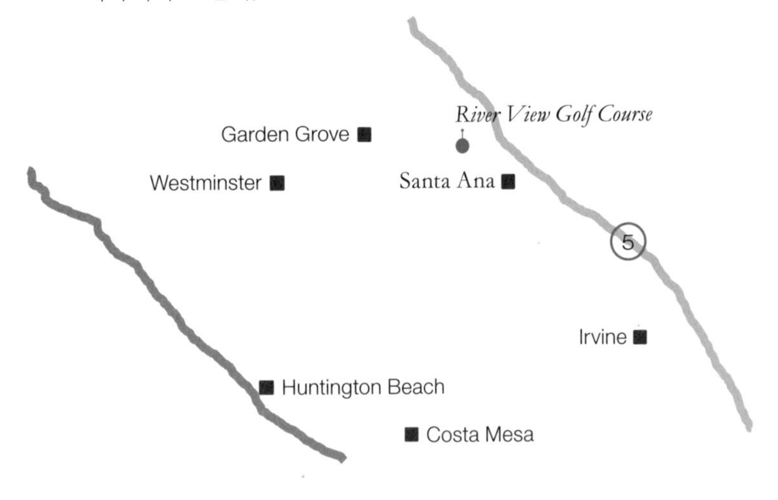

일렉트릭 기타Electric Guitar의 대명사 깁슨Gibson.

깁슨은 음악, 기타 그리고 만돌린 제작에 대단한 열정을 가지고 있던 루터 오빌 깁슨Luthier Orville H. Gibson이 창업주이다.

찰리 크리스찬Charlie Christian이라는 재즈 기타리스트가 사용해 유명세를 얻은 ES-150 모델을 효시로, 레스폴Les Paul과 함께 개발한 깁슨 레스폴Gibson Les Paul 시리즈의 광풍으로 일렉트릭 기타 제조회사의 대명사로 군림하고 있다. 특히 깁슨의 시그니처Signature 모델은 유명 기타리스트 헌정 모델로 초고가를 자랑한다.

깁슨과 더불어 일렉트릭 기타의 양대 산맥이 리켄배커Rickenbacker 이다. 1932년 최초의 일렉트릭 기타를 개발 해낸 회사다. 1960년대 비틀즈 멤버 존레넌John Lennon과 조지 해리슨George Harrison과의 인연으로 폭발적인 인기를 구가하였다. 특히 리드 기타리스트인 조지 해리슨의 비밀병기 리켄배커 360-12는 각별하다. 12현 말고도 리켄배커 360 기타는 이후 브리티쉬팝British Pop 뮤지션들이 애용하는 모델이라고 한다.

Rickenbacker International Corporation가 이곳 산타아나Santa Ana 에 위치하고 있다.

바로 이 지역에 있는 골프장 중 하나가 River View Golf Course이다. 이곳은 명칭 그대로 산타아나 강을 끼고 코스가 조성되어있다. 사실 강이라기보다는 홍수 조절용 배수지를 이용하여 조성되었다고 하는 것이 적절할 듯하다. 이 골프장은 페어웨이는 강둑 안쪽으로 조성하고 그린은 모두 강둑 위로 만들어 유사시 물을 흘려보내도 이후 정상적인 복구와 운영이 용이하도록 한 것 같다.

너무도 수수한 클럽 하우스와 현판에서도 느낄 수 있듯이 이 골프장은 대단히 주민 친화적인 곳이다. 저렴한 그린피와 더불어 진지한 골프보다는 즐기는 소일거리로서의 골프를 만끽하는 곳.

바로 이 코스다.

아름드리 야자수와 심플한 카트의 조화가 멋지다. 무료한 오후에 친구들과 격전을 벌인 후, 왁자지껄하게 맥주로 마무리하는 동네 골프장으로 적격이다.

그래서일까? 사방에서 날아오는 볼을 조심해야 한다. 일부 홀은 옆 홀과의 간격이 매우 좁아 그물로 만든 거대한 가림막으로 구분해놓았지만 조심 또 조심해야 한다. 곳곳에서 들리는 '볼' 하는 소리와 더불어. 그중 가장 피해야하는 것은 역시나 방심한 사이 날아오는 아군의 총탄이 아닐까?

이곳 지명과 동일한 산타아나 바람Santa Ana Wind이라는 것이 있다. 동쪽의 사막 지대인 모하비Mojave Desert에서 발생한 건조하고 뜨거운 바람이 이곳 오렌지 카운티에 있는 산타아나 캐넌을 통과하여 계속해서 불어오기에 붙여진 이름이란다. 이 국지풍이 불어 올 때면, 이곳의 기후 특성으로 인하여 산불 발생 가능성이 대단히 높아진다. 산타아나 바람이 부는 시기에는 여기에서 샌디에이고San Diego에 이르는 광대한 지역이 산불로부터 자유로울 수 없는 것이다.

실제로 몇 년 전에는 대단한 산불로 인해 곤욕을 치른 적도 있다. 방송에서는 연일 전소된 주택 지역을 포함하여 화재 상태를 전하였고, 재가 눈처럼 내리는 그곳에서 탈출 경로까지를 심각하게 고민해야 했었다. 다행히 3블록 떨어진 곳에서 멈추었기에.

세월은 흐르는 것이요, 망각은 우리네에게 주어진 값진 선물인지도 모른다. 그러나 힘들고 아픈 기억들, 그네들만을 선택적으로 지울 수는 없는 게다. 그저 묵묵히 견디어내야 하는. 그래서 그때는 마지막 사진처럼 극도의 나른함 속으로 애써 간다. 드뷔시Debussy의 '목신의 오후에의 전주곡Prélude à L'après-midi d'un faune'을 들으며…

Santa Ana

코로나
Corona

Eagle Glen Golf Club

Mountain View Country Club

Cresta Verde Golf Club

Green River Golf Club

Dos Lagos Golf Course

라임향이 가득한 코로나 맥주가 그립다

Eagle Glen Golf Club, Mountain View Country Club

Cresta Verde Golf Club

Green River Golf Club 그리고 Dos Lagos Golf Course

세계에서 가장 많이 팔리는 맥주는 무엇일까? 맥주의 왕이라고 자부하는 버드와이저, 하이네켄 등 전통적인 브랜드들의 아성이 무너지고 있다. 엄밀히 말하자면 기존 브랜드의 약화가 아니라 마시지 않던 사람들이 새로운 고객으로 등장하면서 발생하는 판매량의 변화라고 해야 할 듯. 최근 십여 년간의 중국의 변화는 가히 코페르니쿠스적 아닐까? 이 정도의 급성장을 예상한 사람들이 얼마나 있었을까. 엄청난 인구로 지탱되는 자체 시장의 힘. 내수만으로도 세계적인 매출이 가능하다는 것은 무서울 정도의 잠재력이다. 맥주에서도 예외는 아니다. 2013년 세계에서 가장 많이 판매된 맥주 1위는 스노우Snow라는 이름도 생소한 중국맥주였다. 2위는 수출도 많이 하여 나름의 지명도를 갖는 칭타오Tsingtao라는 중국 맥주. 이외에도 옌징Yanjing, 하얼빈Harbin이라는 생소한 중국의 맥주들이 10위권에 포진하였다. 세계의 공장에서 강력한 소비시장으로 급속히 변해가는 증거인 셈이다. 물론 전통적인 브랜드 맥주인 버드라이트Bud Light, 버드와이저Budweiser, 하이네켄Heineken, 쿠어스라이트Coors Light 등은 10위권 안에 건재하다. 이제는 10권에서는 빠지지만 그래도 미국과 멕시코에서는 단연 최대의 판매량을 기록하고 있는 멕시코산 맥주가 바로 코로나Corona이다. 이 맥주는 일반적인 맥주들과는 달리 투명한 병에 담겨 있다. 쐐기 모양의 라임 조각을 병목에 끼어 그 향과 더불어 마시는 걸로도 유명하다.

이 맥주와 동일한 이름을 갖는 코로나는 리버사이드 카운티Riverside County에 속하는 도시이다. 이곳은 산타아나 산맥에 인접한 계곡에 위치하고 있다. 하여 여름에는 매우 덥고 건조하지만 겨울은 온화한 기후를 나타낸다. 덕분에 최근 주택지로 급속히 성장하고 있는 곳이기도 하다.

이 지역에는 각각의 개성을 뽐내고 있는 대표적인 5개의 골프장이 있다.

Eagle Glen Golf Club

Address: 1800 Eagle Glen Parkway, Corona, CA 92883

코로나에 위치한 인기 있는 골프장으로 Front 9과 Back 9의 분위기가 대조적이다. Front 9은 산등성이를 따라 조성되어 Up-Down이 심한 도전적인 코스인데 반하여, Back 9은 평지에 위치하여 비교적 수월한 코스이다. 이 골프장도 황량한 지역에 조성되어 있다. 플레이를 하다 보면 주변의 황무지와 비교되어 경이롭기 까지 하다.

이곳은 블랙티Black tee 기준으로 전장 6898야드, Course Rating: 73.3, Course Slope: 136, 파 72로 조성된 챔피언십 코스이다. 블라인드 홀들도 많아서 애를 먹인다.

4번 홀 전경

4번 홀은 심한 다운힐의 파 3 코스다.

거리는 203야드로 깊은 협곡을 넘겨야 한다.

우측으로 밀리는 샷은 OB이므로 그린 중앙과 좌측 지역을 목표로 한다.

너무도 지당한 공략법이다.

5번 홀은 554야드의 파 5로 조성된 홀이다.

벙커 좌측으로 개미허리 같은 착지 지점이 심리적 압박을 가한다. 특히 좌우측 모두 OB지역이므로 티샷을 최대한 안전하게 하는 것이 관건이다.

그 클럽이 무엇이 되는지 간에.

단순하지만 중요한 명제.

볼을 살리는 것.

다행히 그 이후에는 플레이에 큰 어려움이 없다.

골프는 결국 코스의 중압감을 어떻게 현명하게 풀어가느냐 하는 것이 관건이요, 그것을 배우고 즐기는 것이리라.

마지막 홀에 다다른다.

18번 홀.

543야드의 파 5.

이 코스에서 유일하게 워터 해저드를 따라 플레이를 하게 된다.

세컨드 샷은 이 워터 해저드를 넘겨야 하기 때문에, 티샷의 착지 위치가 중요하다. 그 결과에 따라서 무리하지 않고 레이업을 하는 것도 현명한 플레이가 된다.

전체적으로 정확한 IP로의 공략이 되지 않으면, 3온도 만만하지 않은 홀이다.

좌측 페어웨이의 끝이 그린에서 150야드 지점이고 그린의 앞쪽 역시 해저드로 둘러싸여 있다.

가장 어려운 플레이

즉, '마음을 비우고'가 필요하다.

클럽 하우스를 향해 마지막 불꽃을 태운다.

Corona

Mountain View Country Club

Address: 2121 Mountain View Dr, Corona, CA 92882

골프장 명칭에서도 알 수 있듯이 산악지형을 대표하는 코스다. 특이한 것은 골프코스가 인근 주택가를 포함하는 광범위한 지형에 분포되어 있다는 것이다. 그래서 주택들 사이 도로를 관통해서 산발적으로 분포된 홀을 보물찾기하듯 해야 한다.

그린피가 저렴하며, 그만큼 코스의 시설들은 소박하다. 단출한 클럽하우스가 오히려 친근감을 준다. 조금만 예산을 더 들여 홀마크와 이동 경로만이라도 산뜻하게 하면, 보다 좋은 평가를 받을만한 코스이다.

코스의 티 박스는 4개로 구분된다. 가장 긴 블루티Blue tee가 전장 6431야드이며, Course Rating: 70.9, Course Slope: 129의 파 72로 조성되어있다.

지표상으로는 매우 쉬운 코스로 보인다.

플레이를 거듭해 갈수록 깨닫는다. 숫자는 숫자일 뿐.

잘 설계된 골프 코스는 어떤 모습이어야 할까?

소박한 이 코스를 돌며 문득 묻는다.

코스 설계자와의 게임을 흠뻑 즐길 수 있는, 뒤돌아보며 미소 속에 그 잔상까지도.

554야드의 파 5로 조성된 3번 홀은 내리막이다.

전체적으로 좌측으로 완만하게 휘어지는 도그레그 홀.

페어웨이가 V자 형태로 되어있다.

라이가 좋은 지점을 확보하는 것이 관건이다.

물론 그것은 희망사항이지만.

세컨드 샷 지점에서 바라보아도 그린의 위치는 전혀 감이 잡히지 않는다.

완벽한 블라인드 홀. 골탕 먹기 딱 좋은 홀이다.

9번 홀.

498야드의 파 5.

좌우측에 커다란 나무들이 도열해 있다.

페어웨이는 매우 좁다.

똑바로 치는 샷이 얼마나 어려운가를 새삼 느끼게 한다.

세컨드 샷 지점에서 좌측으로 휘어지는 도그레그 홀이다.

물론 워터 해저드도 중간에 있다.

12번 홀.

짧은 133야드의 파 3.

앞에는 워터 해저드가 있고,

좌측과 정면에는 주택가가 위치한다.

마치 남의 집 정원에다가 샷을 하는 묘한 느낌이다.

16번 홀.

586야드의 파 5.

전체적으로 내리막으로 구성되어있다.

그럼에도 거리가 대단하다.

다행히 런도 많다.

세컨드 샷 지점에서 바라본 그린.

우측으로 밀리면 하염없이 구르는 볼을 보게 된다.

18번 홀은 548야드의 파 5로 조성되어있다. 그린은 저 멀리 12시 방향 언덕위에 위치한다. 주택가의 자동차 도로를 넘겨서 티샷을 하고, 그 도로를 관통해서 다시 골프장으로 들어가게 되어있는 재미있는 홀이다. 오르막이 심한 곳에 위치한 그린 때문에 많이 밀린다. 앞선 팀들의 플레이가 끝나기를 학수고대하며. 인내의 바닥을 헤매다 만나게 된 77세의 할아버지가 생각난다. 이 지역에 거주해서 자주 싱글 플레이를 하기 때문에 이런 일은 대수롭지 않다는 듯 공 2개를 꺼내어 어프로치 연습을 하시던. 그 연세에 필드를 누비시는 모습에 홀딱 반할 수밖에 없었다. 그리고 열렬히 소망하게 되었다. 그 나이 언저리까지 봇짐을 맬 수 있기를.

Cresta Verde Golf Club

Address: 1295 Cresta Road, Corona, CA 92879

이곳은 1927년에 개장한 아주 오래된 골프장으로 "One of America's 500 Oldest Courses"에 선정되었다고 한다. 그 후 2002년에 리모델링 되었다.

파 4홀들은 길이가 비교적 짧아 아기자기한 맛을 준다. 반면에 파 3홀은 236야드의 무지막지한 홀을 포함하여 5개이고, 대신에 파 5홀은 3개로 구성되어 있다. 블루티Blue tee 기준으로 전장 6065야드, Course Rating: 69, Course Slope: 123, 파 70으로 구성된 코스이다.

338야드의 파 4로 조성된 3번 홀이다. 사진 중앙우측의 나무를 경계로 11번 홀과 평행하게 홀이 구성되어 동시에 마주보며 티샷을 하는 진풍경도 볼 수 있다.

7번 홀. 352야드의 파 4.

이 골프장은 단순히 거리만 가지고 가늠할 수 있는 곳이 아니다. 페어웨이가 넓고 길이도 그리 길지 않아 서비스 홀Service Hole로 생각하기 쉬운 홀들도 세컨드 샷 지점에 가서 보면 금방 생각이 바뀐다.

보라 나무들의 저 처절한 절규를. 마치 사진을 틸팅 모드Tilting Mode로 찍은 것 같지만. 오히려 빨간 플래그Flag가 그래도 오늘은 견딜 만해라고 속삭이는 듯하다.

바람 하면 생각나는 홀이다. 경악할 정도의 인상으로.

이 코스의 재미있는 파 3홀들을 소개한다.

200야드의 파 3로 조성된 8번 홀이다.
심한 다운힐의 홀이다.
나무가 병풍처럼 둘러싸고 있다.
아늑하게 느껴질 정도로 그린도 자그마하다.
좌우측에는 친절하게 벙커까지 마련되어 있다.

12번 홀은 150야드로 거리는 문제가 되지 않는다.
이곳도 다운힐. 매우 심하다.
카트 옆에 있는 그린은 반밖에 보이지 않는다. 그린을 오버하면 수습 불가.
가능한 후순위로 샷을 하는 것이 유리할 듯하지만, 별 도움이 안 된다. 온그린한 동반 플레이로부터 오히려 복장 터지는 소리를 들을지도.
"클럽 선택에 대한 섬세한 감각이 필요해"

13번 홀의 티잉 그라운드에 선다.
그리고 스코어 카드를 보는 순간 눈을 의심한다.
내리막이라지만 236야드의 파 3라니. 과도한 욕심으로 인한 대형 참사가 무엇인지를 극명하게 체험해 볼 수도 있다.
오늘도 겸손하게 하소서.

18번 홀에 이른다.

이제 코스의 마지막이다. 이 홀은 495야드의 파 5로 조성되어 있다. 길게 누운 나무 그림자가 마음속에 젖어든다. 오늘 하루의 격전이 필름 영사기를 돌리는 것처럼 끊기듯 이어진다.

여유로움.

등 떠밀려, 빠듯한 티 타임Tee Time 간격에 휘둘려,

마치 로봇처럼 치고 가고 넣고 또…

이제는 그런 플레이로 다시는 돌아갈 수 없을 듯하다.

Green River Golf Club

Address: 5215 Green River Road, Corona, CA 92880

이 골프장은 18홀의 Orange Course와 18홀의 Riverside Course로 구성된 36홀의 대형 골프장이다. 각 코스는 상시 개방되어있는 것이 아니라 그날그날의 상태에 따라 결정된다고 한다. 전체적으로 평탄한 지형에 조성되어있는 전형적인 패밀리 코스Family Course이다.

1959년에 개장한 오래된 골프장답게 세월의 흐름을 느낄 수 있다. 특히 코스 곳곳에 오래된 나무들이 빽빽하다. 티샷을 미스 하면 펀치 샷을 마음껏(?) 연습해볼 수도 있다.

티 박스는 Blue, White, Red로 구분되어있고, 블루티Blue tee 기준으로 전장 6480야드, Course Rating: 71.1, Course Slope: 126, 파 71로 조성되어있다.

클럽하우스도 규모가 크다. 직원들이 친절하고 유쾌하다.

5번 홀은 214야드의 파 3로 조성되어 있다. 좌우의 나무들도 티샷의 가림막Screen 역할을 한다. 카트 옆에 있는 그린에도 워터 해저드가 이어져있다.

406야드의 파 4로 조성된 11번 홀이다. 좌측으로 휘어지는 도그레그 홀.

15번 홀. 395야드의 파 4.

2단 그린이다. 듬성듬성 있는 것 같아 보이는 나무들이지만 키들도 제법 크고 울창하다. 샷이 조금만 감기거나 밀리면 여지없이 곳곳에서 딱따구리 소리가 들린다.

이번에는 3 Some 플레이.

동반 플레이를 했던 백인 아버지와 그의 아들 모습을 떠올리면 지금도 미소가 번진다.

중학생 또래의 아들에게 플레이마다 열심히 골프의 비법(?)을 전수해 주던 아버지. 그리고 아버지가 쓰시던 퍼터Putter를 드디어 물려받았다며 자랑하던 아들.

그 모습을 보며 오히려 내가 더 뿌듯했었다. 훈훈한 부자지간이다. 우리 모두가 소망하는.

Dos Lagos Golf Course

Address: 4507 Cabot Drive, Corona, CA 92883

2007년 8월 개장한 신선한 골프장이다.

Matew E. Dye가 코스 설계자라고 한다. 두개의 인공 호수와 테메스칼 계곡Temescal Creek을 따라 코스를 조성하였다.

티 박스는 Blue, White, Red, Yellow로 구분된다. 블루티Blue tee 기준, 전장이 6544야드이며, Course Rating: 71.7, Course Slope: 130의 파 70으로 조성되어있다. 전·후반에 파 3 홀이 3개씩 있으며, 전반에는 파 5홀이 1개, 후반에는 3개로 특이한 구성을 가진다.

6번 홀은 전장 387야드 파 4로 조성되었다. 티잉 그라운드와 그린은 거의 직선이다. 전방의 벙커 지점을 지나면서 다운힐이 된다. 황량한 주변 경관과 대조되는 그린의 향연.

375야드의 파 4로 조성된 9번 홀이다. 세 개의 벙커 그룹으로 둘러싸인 곳이 목표 착지점이다. 늘 그렇듯 벙커는 벙커인지라 꼭 들러서 인사를 나누곤 한다.

16번 홀. 376야드의 파 4. 티잉 그라운드에서는 심한 내리막, 세컨드 샷 지점에서부터는 심한 오르막인 기복이 심한 홀이다. 강한 맞바람도 큰 변수로 작용한다.

18번 홀이다. 인공 호수를 우측에 끼고 플레이하게 된다. 전장 533 야드의 파 5홀이다. 강렬한 태양을 품고 그린으로 간다.

재미있는 표지판. 미국 골프장이 대부분 그러하듯 특별히 OB 지역을 명시하지 않는 경우가 많은데, 이 골프장도 예외는 아니다. 다만 이 귀여운 표지판을 보고도 선뜻 이안으로?

치노
Chino

El Prado Golf Courses

Los Serranos Golf & Country Club

기네스북에 등재된 신통한 말이 있다니

El Prado Golf Courses, Los Serranos Golf & Country Club

Chino와 Chino Hills는 샌버나디노 카운티San Bernardino County에 속해 있는 서로 인접한 도시이다. Chino Hills는 상대적으로 저렴한 가격으로 인해 주택지로 각광받으며 개발되고 있는 곳이기도 하다.

이 지역과 관련된 재미있는 일화가 있다. 여기에 살고 있는 말이 유명세를 탄 것이다. 기네스북에 '세상에서 가장 똑똑한 말Super Smart

Horse'로 등재됐다는 것이다. 기네스북 측에 의하면 루카스Lucas라는 이름의 이 말은 검사관들이 지켜보는 앞에서 19개의 각기 다른 숫자를 60초도 안되어 정확히 알아맞히는 천재성(?)을 발휘했다는 것이다. 일명 초능력 말이라고나 할까.

기네스북 The Guinness Book of Records은 영국의 맥허터McWhirter 가문의 쌍둥이 형제에게 의뢰해 1955년 창간되었다. 이후 매년 발간되고 있는 이 책에는 학문적 영역뿐 만 아니라 세세한 일상사까지 진기한 세계 기록들로 가득 차 있는 것으로 유명하다.

진기록을 몇 가지 살펴본다.

'MINI'라는 깜찍한 자동차가 있는데 최대 탑승 인원 기록은? 28명. 가장 작은 개는? 15.87㎝의 치와와. 사람 머리카락을 가장 높게 세운 길이는? 113.5㎝. 얼굴에 피어싱을 가장 많이 한 사람은? 아르헨티나 남성 280개.

이래서일까 성경을 제외하고 세상에서 가장 많이 팔리는 책이라고 한다. 상상해보자. 기네스북에 올릴 자격이 있는지를 심사하기 위하여 루카스라는 말 앞에서 하는 갖가지 검사와 그 일련의 과정을. 왠지 웃음이 나온다. 아마도 그 말 또한 속으로 웃고 있지 않았을까. 지금 이 순간에도 세계 도처에서는 이 책에 실려 있는 각종 기록들을 갱신하기 위해 고군분투하고 있을 것이다.

이 치노 지역에는 El Prado Golf Courses와 Los Serranos Golf & Country Club이 있다.

El Prado Golf Courses

Address: 6555 Pine Avenue, Chino, CA 91708

Chino에 위치한 골프장으로, 1970년에 개장한 오래된 골프장이다. 이 골프장에는 Chino Creek과 Butterfield Stage라는 두개의 18홀 코스가 있다. 전체 36홀 코스로 조성된 규모가 큰 골프장이다. 그린피는 매우 저렴하다. 그래서인지 주말에는 사람들이 제법 많다. 18홀을 도는데 무려 5시간 이상 걸리기도 하여, 느긋한 인내심이 요구되는 골프장이기도 하다. Chino Creek Course는 챔피언십 티 기준으로 전장 6763야드, Course Rating: 72, Course Slope: 124, 파 72로 구성되어 있다.

7번 홀은 188야드의 파 3로 조성되어있다. 워터 해저드가 그린 앞쪽에 위치하는 전형적인 홀이다.

11번 홀.

398야드의 파 4.

티잉 그라운드에 서면 머리가 산만해진다.

눈을 들어보면 송전선이 홀을 가로 질러 지나가고 있다. 바람에 따라 웅웅 소리도 난다.

미스샷에 대한 핑계 거리가 생긴 셈이다.

전자파와 샷의 상관관계.

17번 홀에 이른다.

평탄한 지형으로 좌우측의 나무들이 시야에 들어온다.

야디지북을 본다. 전장 512야드의 파 5.

정면의 카트가 있는 지점에서 좌측으로 10시 방향에 그린이 있고, 그 앞쪽으로는 워터 해저드가 가로 지르고 있다.

티샷이 감겼다. 혹시 모르니 잠정구를 친다. 다행히 중앙으로 안착한다. 좌측 나무에 맞은 것 같았던 볼을 찾을 수가 없다. 결국 벌타를 포함해서 순식간에 2타를 헌납한다.

로스트볼은 OB와 동일한 셈이다.

제법 비싼 볼이었건만.

양쪽의 요구를 모두 들어줄 수 없는 상황에 직면하는 경우가 많다. 이러한 상충성Trade-off 문제에서는 양자 중 하나를 택일하는 수밖에. 그런데 마법과도 같이 양쪽을 모두 만족시키는 성능을 가지는 제품이 있다면?

골프볼은 코어Core라고 하는 내부를 감싸는 층이 몇 개인가로 2피스, 3피스, 멀티 피스볼로 부른다. 이는 비거리와 컨트롤이라는 2개의 상충되는 성능 요소와 밀접한 관계가 있다. 통상 2피스볼은 단단하여 거리는 많이 나지만 컨트롤 능력이 떨어진다. 3피스볼은 스핀 컨트롤은 발군이나 거리 손해가 있다. 결국 거금을 주고 두 마리 토끼를 잡을 수 있다는 멀티 피스볼의 유혹에 속절없이 빠지고 마는 것이다.

Chino

Los Serranos Golf & Country Club

Address: 15656 Yorba Avenue, Chino Hills, CA 91709

이 골프장은 Chino Hills에 위치하고 있다. 1925년에 개장하였고 1965년에 리모델링되었다고 하니 아주아주 오래된 골프장이다. 이곳에서 LA Open의 퀄리파잉 라운드Qualifying Round가 매년 열린다고 한다. 이 골프장에는 18홀의 South 코스와 또 다른 18홀의 North 코스가 있다. 이곳도 전체 36홀의 대단위 골프장이다.

이중 South 코스는 특이하게도 전체 파 74의 홀로 구성이 되어 있다. 때문에 파 5홀이 Front 9와 Back 9에 각 각 3개씩 존재한다.

이 코스의 티 박스에는 Jack's Black이라고 명명된 블랙티Black tee가 있다. 이곳은 사전에 프로샵의 승인을 받고 플레이를 해야 한다고 명시되어있다. 전장이 무려 7567야드에 달한다고 하니 그 이유에 수긍이 간다. 괴물 잭이 있었던 게다. 파 74의 코스이기는 하지만 블루티Blue tee도 전장이 7161야드에 이르며, Course Rating: 74.3, Course Slope: 134로 구성이 되어있다.

174야드의 파 3로 조성된 6번 홀은 심한 오르막으로 조성되어 있다. 그린은 커녕 깃발의 끝도 보이지 않는 전형적인 블라인드 홀이다. 그린 앞 양측의 벙커는 일명 항아리 벙커로 이곳에 들어가면 최소한 한 타 이상은 감수를 해야 한다.

7번 홀.

369야드의 파 4. 고저차가 심한 다운힐의 서비스홀로 기분 좋게 티샷을 할 수 있다. 그러나 그린 방향으로는 바로 공략할 수 없도록 벙커들이 도처에 도사리고 있다. 높은 언덕위에서 하는 기분 좋은 티샷. 묵은 체증을 말끔히.

시원한 워터 해저드가 티잉 그라운드 앞에 위치하고 있는 8번 홀에 이른다. 스코어 카드를 뚫어져라 본다. 무려 583야드의 파 5홀이다. 그린까지는 직선이다. 거리 외에는 특별한 압박은 없다. 그래서인지 이 무지막지한 홀이 핸디캡 7이다.

17번 홀. 205야드의 파 3. 다운힐이며 그린 바로 앞쪽에 연못이 있는 전형적인 홀이다. 그린의 좌우측에는 아주 높은 나무들이 마치 기사 상처럼 서있다. 핸디캡 16.

드디어 악명 높은 18번 홀에 이른다. 전장이 무려 592야드로 조성된 파 5이다. 다운힐도 아니고 평탄한 지형에 600야드에 육박하는 코스라니 대단하다. 그린 앞쪽에는 워터 해저드까지 있다. 그린까지는 거의 직선이다. 뾰족한 수가 없다.

또박 또박. 과욕부릴 것도 없이.

코스 중간에 조인하여 동반 플레이한 PGA 프로 출신의 시니어. 은퇴하여 골프장의 헤드 프로로 있다고 한다. 코스 매니징의 기본을 보여 준다. 무리하지 않고 물 흐르듯. 그래서 골프에서는 자주 플레이하는 사람을 절대로(?) 이길 수 없는 게임이라고 하는 게다.

시티 오브 인더스트리

City of Industry

Industry Hills Golf Club

평안한 리조트 코스

Industry Hills Golf Club

Address: 1 Industry Hills Parkway, City of Industry, CA 91744

이곳은 LA 카운티에 속하는 San Gabriel Valley 지역에 위치한 도시이다. City of industry라는 명칭에서도 알 수 있듯이 산업용 단지가 많은 곳이기도 하다.

이 지역에 이름도 근사한 Pacific Palms Resort가 있다. LA에서 동쪽으로 20마일, 약 20~30분 거리에 해당되는 곳이다. 이 리조트에 있는 골프 코스에서 LPGA 투어의 Kia Classic이 개최되기도 하였다.

이곳에는 이름도 어려운 Babe Didrikson Zaharias라는 18홀의 코스와 Dwight D. Eisenhower라는 18홀의 코스가 있다. 두 개 모두 챔피언십 코스로 조성되어있다. 아이젠하워 코스는 전장이 7181야드에 달하며, Course Rating: 75.3, Course Slope: 143의 파 72로 구성되어있다. 플레이를 한 Zaharias 코스는 아이젠하워 코스보다 전체 전장은 짧지만 약간 더 도전적인 성격을 갖는 것으로 알려져 있다. 이 코스는 전장이 6778야드이지만 파 71로 구성되어있고, Course Rating: 73.3, Course Slope: 136로 조성되어있다.

11번 홀.

522야드의 파 5. 정면의 벙커지역부터 좌측으로 심하게 꺾이는 도그레그 홀이다. 우측의 나무들을 경계로 OB 지역이다.

장타자라면 왼쪽 나무숲을 가로지르는 것이 Short Cut.

12번 홀. 368야드의 파 4.

빽빽한 나무숲이 페어웨이를 감싼다. 시야가 완전히 개방된 거의 직선에 가까운 홀. 핸디캡 10.

176야드의 파 3. 13번 홀. 파 3홀의 교과서적 배치.

188야드의 파 3로 조성된 17번 홀이다.

그린 앞에는 워터 해저드가 있다.

큰 위협은 되지 않고 그린도 평이하다.

그래서인지 핸디캡 18.

역사상 최고의 골퍼는 누구일까?

라운드를 하며 던져진 화두였다.

대화는 금방 바닥을 드러내고 말았다. 다양한 의견들이 꼬리를 물기에는 우리네 지식이 형편없었던 게다. 그도 그럴 것이 골프 전공자가 아니거늘. 그래도 몇 명을 물망에 올려놓았다.

지금도 방송에서 골프 황제라는 칭호를 붙이는 타이거우즈, 메이저 대회를 가장 많이 제패한 잭 니클라우스Jack Nicklaus, 그의 호적수로 한 시대를 풍미한 아놀드 파머Arnold Palmer. 그래서 자료를 뒤적여보았다. 샘 스니드Sam Snead는 PGA투어에서 82승 이라는 대업을 이루었다. 메이저대회의 꽃이라는 마스터스 대회를 창시하고 오거스타 내셔널 코스를 만든 바비존스Bob Jones. PGA투어에서 11개 대회 연속 우승이라는 신화를 쓴 바이런 넬슨Byron Nelson. 그 이외에도 대단한 골퍼들이 줄을 이었다.

사실 질문 자체가 우문이다. Top Of The Top이라니. 그럼에도 전문가 그룹을 포함하여 많은 사람들이 꼽은 최고의 골퍼는 벤 호건 William Ben Hogan (1912~1997) 이었다.

커리어 그랜드 슬램 달성, 최고의 볼 치는Ball Striking 능력과 과학적으로 검증된 스윙, 그리고 《Five Lessons》라는 저서를 통한 스윙 이론의 정립과 현대 골프 레슨의 토대 마련.

즉, 선수로서의 기량, 경력 그리고 영향력이 그를 최고의 골퍼로 추앙받게 하는 것이다. 공만 잘치고 우승만 많이 하는 골프 기계Machine는 존경의 대상이 아닌 게다.

리버사이드
Riverside

Oak Quarry Golf Club

Jurupa Hills Country Club

거대한 암벽과의 조화

Oak Quarry Golf Club, Jurupa Hills Country Club

리버사이드는 리버사이드 카운티에 속하는 도시이다. 산타 애나 강 Santa Ana River옆에 위치하여 붙여진 이름이다. 그럼에도 이곳은 사막성 기후라 일교차가 크며, 여름에는 무척이나 더워 필드에 나서려면 그만큼 각오가 필요하다.

이곳은 최근 교도소를 유료화하는 조례안이 만장일치로 가결되면서 구설수에 오르기도 했다. 수감된 재소자에게 하루 140달러의 교도소 사용료를 부과한다는 것이 그 내용이다. 즉, 운영 예산의 부족을 이유로 재소자 본인, 가족 아니면 출소 후에라도 할부로 갚아야 한다는 것. 문제는 이 지역 최고의 호텔에서 풍요로운 하루를 보내는 비용이 200달러라는 것이다. 아무리 죄를 지은 사람들이라 하더라도, 언론의 질타를 받는 것이 당연한 듯.

이 지역에는 많은 골프장들이 있다.

El Rivino Country Club

General Old Golf Course

Indian Hills Golf Club

Jurupa Hills Country Club

Oak Quarry Golf Course

Paradise Knolls

Riverside Golf Club

Victoria Club

Canyon Crest Country Club

그중 Oak Quarry Golf Club과 Jurupa Hills Country Club을 소개하도록 한다.

Oak Quarry Golf Club

Address: 7151 Sierra Avenue, Riverside, CA 92509

이 골프장은 2000년에 개장한 곳으로, 척박한 불모지를 아름다운 골프장으로 변모시킨 대표적인 예가 아닐까 한다. 특히 14번 홀은 마치 채석장을 방불케 하는 곳이지만 인공호수와 커다란 암벽, 그리고 짙은 그린을 대비시켜 골프잡지에도 심심치 않게 등장하는 곳이기도 하다. 코스는 스케일이 크고 도전적이다.

블랙티Black tee를 기준으로 전장 7002야드, Course Rating: 73.9, Course Slope: 137, 파 72의 챔피언십 코스다.

325야드의 파 4로 조성된 4번 홀. 격전을 예고한다.

6번 홀은 좌측으로 휘어지는 도그레그 홀이다. 406야드의 파 4로 조성되어있다. 플레이 할 때는 잘 모르지만 다음 홀에서 바라보면 페어웨이 옆으로는 섬뜩한 절벽이다.

9번 홀은 417야드의 파 4로 조성되어있다. 두 가지의 공략 루트를 제공한다. 우측으로 우회하는 플랜 A. 좌측 직선상으로 그린 방향을 직접 노리는 플랜 B. 성공시 달콤한 보상이 주어지는.

14번 홀.

블랙티Black tee에서는 전장 214야드, 레귤러티Regular tee는 179야드.
파 3.
이 골프장의 시그니처 홀이다.
골프잡지에 빈번히 등장하는.

티잉 그라운드에 오른다.
거대한 암벽에 가위눌린다.
온전히 하나된 거대함.
그린 좌측의 호수는 신비감을 더한다.
마치 스코틀랜드 네스호 이야기처럼.

하얀 암벽,
호수,
그 곳에 홀연히 위치한 그린.

사진으로 이 홀을 담아내기에는 역부족이다.

17번 홀. 367야드의 파 4. 암벽을 따라 강풍을 뚫고 간다. 352야드의 파 4, 18번 홀을 향해. 그리고 클럽하우스를 향해.

이곳에 사는 녀석들은 사람과 그다지 친하고 싶지 않은 게다.

이런 섬뜩한 경고문을 보니.

Jurupa Hills Country Club

Address: 6161 Moraga Avenue, Riverside, CA 92509

아주 오래된 골프장중의 하나. 2008년에 새 주인에게 인수된 후 많은 변화. 인근에는 Indian Hills Golf Club이 있다. 방문당시, 골프장이 거의 방치 수준으로 페어웨이에 군데군데 잔디가 없는 것은 그렇다 치더라도 그린 조차도 맨땅이 곳곳에 눈에 띄어 차마 플레이를 하지 못하고 발길을 돌렸다. 아마도 다른 계획이 추진되고 있는 듯.

그래서 차선으로 찾은 곳이 바로 Jurupa Hills Country Club이었다. 그린피가 매우 저렴하여 카트를 포함해도 레귤러 프라이스Regular Price가 단돈 22달러에 불과하다. 물론 이 가격에 최상의 코스를 원한다면 무리일 것이나, 페어웨이도 그렇고 그린조차도 잔디가 일부 죽은 곳이 있었다. 카트 통제를 거의 하지 않아서 그런지 그린 에지까지 진격하여 물 뿌린 그린 일부를 뭉개 놓은 곳도 있었다. 코스 상태는 물론 골프장의 관리 책임이 첫 번째 이겠으나 사용하는 골퍼의 자율적 협조가 뒷받침되어야.

티 박스는 3개의 티로 구분된다. 가장 긴 블루티Blue tee 기준으로 전장 6107야드, Course Rating: 68.5, Course Slope: 119, 파 70으로 조성되어있다. 그리 어려운 코스는 아니나 오래된 코스답게 울창한 나무들이 곳곳에 포진해 있어서 샷의 정확도가 요구되는 코스이기도 하다.

446야드의 파 4로 조성된 11번 홀은 거리도 제법 길고 좌측으로 휘어지는 도그레그 홀이다. 페어웨이가 V 형상을 하고 있어 세컨드 샷에서의 라이가 좋지 않게 된다.

18번 홀은 147야드의 파 3. 정면의 갈대숲에 가려 그린이 보이지 않는 블라인드 홀이다. 방향과 거리만 믿고 감각적으로.

난감하다.

17번 홀은 371야드의 파 4로 조성되어있다. 우측으로 휘어지는 도그레그 홀이다. 세컨드 샷 지점에 가면 다음과 같이 황당한 경험을 하게 된다.

지금껏 골프를 치면서 페어웨이 한 복판에 전신주가 있는 것은 처음이다. 어떤 형태로든 세컨드 샷에 방해요소가 되는데 이런 인공 장애물은 어떻게 처리를 해야 하는지.

골프 룰의 제24조에는 인공 장애물Obstructions에 대한 규정이 있다. 여기에서는 움직일 수 있는 것과 움직일 수 없는 것으로 나누어 규정한다.

페어웨이 한복판에 자리 잡고 있는 전신주와 관련하여 24-2조의 움직일 수 없는 인공 장애물의 규정을 살펴본다.

『코스에 있는 움직일 수 없는 인공 장애물로는 스프링클러 시설, 배수구, 보호망, 나무의 지주, 공 세척기, 수도, 포장된 도로아스팔트, 시멘트, 고무판, 자갈 등이 있다.』

『공이 워터 해저드(병행 워터 해저드 포함)에 있을 때는 움직일 수 없는 인공 장애물로부터 구제를 받을 수 없지만 그 외의 지역에서는 공이 움직일 수 없는 인공 장애물의 위나 안에 있거나 또는 인공 장애물 가까이 있어 스탠스Stance를 취하거나 스윙하는데 방해가 되면 인공 장애물을 피할 수 있는 곳에 공을 드롭하고 칠 수 있다. 그러나 경기선상에 있는 움직일 수 없는 인공 장애물이 공이 날아가는데 방해가 되더라도 구제를 받을 수 없다.』

결국 볼이 전신주 밑에 위치해 스윙 자세를 취하기 어려운 경우를 제외하고는 플레이와는 전혀 무관한 것으로 취급하라는 것. 전신주를 요령껏 피해서 하는 플레이도 즐길 줄 알아야 한다고 강변하고 있는 것이다.

다나 포인트
Dana Point

Monarch Beach Golf Links

고래를 보러 떠나다

Monarch Beach Golf Links

Address: 50 Monarch Beach Resort North, Dana Point, CA 92629

다나 포인트Dana Point는 오렌지 카운티에 속한 곳으로, 인근에 위치한 뉴포트비치Newport Beach, 라구나비치Laguna Beach와 더불어 최고급 주택지역으로 지명도가 높다.

이곳은 3월에 열리는 고래 축제Festival of Whales로 더 유명하다. 이 시기에 북극으로 이동하는 고래떼를 가장 많이 볼 수 있는 지리적 장점을 가지는 곳이기 때문이다. 하여 고래마을이라는 별칭이 붙은 것이다. 여기서 볼 수 있는 대표적인 고래는 귀신 고래라고도 알려진 회색 고래Grey Whale이다. 해안에서 머리를 세우고 있다가 귀신같이 사라진다고 해서 붙은 이름이란다. 길이는 15m, 몸무게는 36톤이나 되며, 평균 50년 이상을 산다고 한다. 회색 고래는 따뜻한 멕시코의 바하 캘리포니아Baja California에서 새끼를 낳은 후, 봄이 되면 북쪽으로 장장 6000마일이 넘는 거리를 이동한다. 새끼와 함께 최종 목적지인 알라스카를 향해 3개월의 대장정을 시작하는 것이다. 최근에는 회색 고래 외에도 지구상에서 가장 몸집이 크다는 대왕 고래Blue Whale도 볼 수 있다고 한다. 흰긴수염 고래라는 별칭의 이 고래 심장이 소형 자동차 크기와 맞먹는다고 한다. 하긴 길이가 30m를 넘고 몸무게가 190톤이라하니 그 어마어마한 존재가 경이롭기까지 하다.

가족들과 배를 타고 고래를 보는 투어Dana Wharf Whale Watching를 경험해보는 것도 좋은 추억이 될 것이다. 투어를 나간 날에는 아쉽게도 아주 멀리서 고래의 꼬리만 겨우 볼 수 있었다. 다행히 돌고래들의 군무가 장관을 이뤄 그 아쉬움을 달래주었다.

다나 포인트에 위치한 Monarch Beach Golf Links은 지역적 특성 때문인지 그린피가 매우 비싸다. 허나 미국의 골프장이 늘 그러하듯 레귤러 프라이스의 반값이하로 플레이할 수 있는 기회는 많다. 특히나 온라인 부킹 사이트들도 활성화되어 골프장 자체의 프로모션을 포함하여 다양한 할인 기회가 있다. 지천에 있는 골프장들 사이에 경쟁도 치열할 것이기 때문에 한 사람의 내방객이라도 더 유치하기 위해 안간힘을 쓰고 있는 듯.

이곳은 그린피 가격에 걸맞게 서비스는 최상이다. 라운드 후 클럽 손질을 깨끗하게 해준다. 시원한 물수건을 준비했다가 서비스하는 것은 물론이고 골프장 로고가 멋진 Name Tag에 이름을 새겨서 주는 이벤트도 있다.

Monarch Beach Golf Links는 블랙티Black tee 기준으로 6601야드 Course Rating: 72.8, Course Slope: 138의 파 70로 구성되어있다. 특히나 몇 개의 홀은 바다에 인접하게 조성되어 있어 주변의 골프장들과 차별화되는 키를 가진 셈이다.

3번 홀에 이른다.

앞 팀의 플레이가 진행 중이다.

시니어 팀으로 보인다.

사진에 담아본다.

구름 낀 하늘과 같은 빛깔의 바다.

수평선을 바라보며 생각에 잠긴다.

티잉 그라운드에 오른다.

315야드의 파 4.

정면의 벙커로부터 좌측으로 90° 급격히 꺾이는 도그레그 홀이다.

바다를 향해 부담 없이 티샷을 한다.

자주 플레이를 해서 코스를 잘 알고,

250야드 이상의 비거리라면 Shortcut도 시도해볼 만하다.

좌측 나무를 넘기는 루트로.

그린을 담아본다.

넓다.

온그린이 큰 의미가 없다.

핀도 바닷가 좌측 구석.

하얀 파도의 포말과 그린. 아름답다.

Dana Point

7번 홀은 612야드의 파 5로 조성되어있다. 핸디캡이 1인 어려운 홀이다. 벙커가 보이는 페어웨이로 티샷을 한다. 좌측에 협곡과 나란하게 페어웨이와 그린이 위치하고 있어서 다시 반대편으로 가야한다. 결국 협곡을 2번 교차하는 셈이다.

17번 홀. 172야드의 파 3.

하얀 벙커와 그린이 조화롭다.

이 코스에는 파 3홀만 6개. 그래서 전체 파 70이다.

롱비치
Long Beach

Skylinks Golf Course

El Dorado Park Golf Course

자카란다가 만개하다
Skylinks Golf Course, El Dorado Park Golf Course

LA 카운티에 속하며, 긴 해변에서 유래한 지명을 가지는 롱비치Long Beach는 볼거리도 제법 많아서 관광객들의 발길이 끊이지 않는 곳이다.

그 중 영국의 호화 여객선으로 유명했던 퀸 메리호가 있다. 1936년부터 30여 년간 1000번을 넘게 대서양을 횡단했다고 한다. 2차 세계대전 와중에도 U보트로부터 살아남은 것이다. 지금 이배는 정박한 상태로 호텔, 박물관 등으로 운영되고 있다. 물론 포세이돈Poseidon과 같은 영화의 촬영지로도 활용되고 있다.

쇼어라인 드라이브Shoreline Drive에는 빅스비 공원Bixby Park, 롱비치 미술관Long Beach Museum of Art를 포함하여 관광객들의 흥미를 불러일으킬 만한 것들이 다 모여있다. Shoreline Village라는 이색적인 쇼핑거리도 재미있는 곳으로 알려져 있다. 이외에도 아쿠아리움, 리조트 등 가족과 함께하기에도 좋은 곳이다.

롱비치Long Beach는 이외에도 해군기지, 민간 무역 항구, 각종 공업시설과 주거지, 별장지 등이 복합적으로 조성된 대형 도시의 면모를 가지고 있는 곳이다.

이곳에는

El Dorado Park Golf Course

Recreation Park American Golf Club

Skylinks Golf Course

Virginia Country Club

등이 있으며,

Skylinks Golf Course와 El Dorado Park Golf Course을 소개하기로 한다.

Skylinks Golf Course

Address: 4800 East Wardlow Road, Long Beach, CA 90808

이 골프장은 티 박스의 구분이 Championship, Back, Middle, Forward로 되어있다. 챔피언십 티를 기준으로 전장 6909야드, Course Rating: 72.6, Course Slope: 130의 파 72로 조성된 토너먼트용 코스이다.

매년 Queen Mary Open이 개최된다고 한다. 클럽하우스 앞쪽에는 아담한 연못과 분수가 아기자기함을 더한다. 마침, 심어놓은 다양한 빛깔의 꽃들이 만발하여 그 아름다움을 뽐낸다.

전체적으로 링크스 스타일을 표방하는 코스다. 페어웨이는 비교적 넓고 대부분 평지를 이루고 있다. 나무 몇 그루로 홀과 홀의 구분을 한다, 상징적으로. 페어웨이에는 벙커가 매우 많다. 티샷을 미스했을 때에는 어김없이 그 함정에 빠지게 된다. 뿐만 아니라, 굿샷이라고 했건만 볼이 벙커와 나무 밑동에 자리 잡고 있는 경우도 허다하다. 그만큼 페어웨이가 단단해서 착지된 볼이 하염없이 구른 결과다. 그린도 매우 빠른 편이며, 굴곡이 심하여 퍼팅 라인을 읽어내는 것이 곤혹스럽다.

5번 홀.

전장 185야드의 파 3이다.

협곡이나 해저드와 같은 장애물이 전혀 없다.

완전한 평지의 정면에 그린이 있다.

하여, 핸디캡이 17이다.

16번 홀.

146야드의 파 3.

거리가 짧다.

우측 전면에 워터 해저드가 있으나 위협이 되지는 않는다.

그린도 넓다.

핸디캡 18.

우측으로 사무용 빌딩이 인접해 있다.

골프에 무심한 사람들만 채용되야 할 듯.

골프장을 구분할 때 링크스Links라고 부르는 코스가 있다. PGA 투어의 메이저대회 중 하나인 브리티시 오픈British Open은 이러한 코스에서만 열리는 것으로 유명하다.

링크스라는 코스명칭은 'Links Land'에서 유래되었다. 이는 바닷가 근처에 위치한 서로서로 연결된 듯 보이는 모래 언덕 지형을 일컫는다. 오랜 세월을 거치며 자연스럽게 형성된 부드러운 능선. 그러나 이곳에는 염분이 많은 모래 때문에 식물의 생육에 제한이 따른다. 따라서 제대로 된 나무들을 볼 수 없다. 페스큐Fescue Glass라는 풀이나 억센 관목Gorse만이 뿌리를 내릴 뿐이다.

이런 척박한 곳에 지형을 따라 풀을 깎고 구멍을 내어 골프 코스를 만들었다. 토목공사나 인공 장애물이 없는 최소한의 인위적 개입만으로. 이것이 바로 스코틀랜드인들이 자부심을 갖는 정통 링크스 코스의 모습이다. 일반 골퍼들이 플레이하기에는 하늘의 별따기라는, 골프 코스의 대명사가 되어버린 세인트앤드루스 올드코스Saint Andrews Old Course처럼. 그래도 다행히 스코틀랜드에는 90여개의 링크스 코스가 있다고 하니 꿈을 가져볼 수 있겠다.

따라서 Skylinks Golf Course가 링크스 코스가 아니라, 링크스 스타일 이라고 하는 것은 다행스러운 표현이다.

El Dorado Park Golf Course

Address: 2400 Studebaker Road, Long Beach, CA 90815

1950년대에 만들어진 엘도라도 공원과 붙어있는 골프 코스이기 때문에 이름도 그대로 El Dorado Park Golf Course이다. 전장 6461야드, Course Rating: 70.9, Course Slope: 126, 파 72로 조성되었다. Up-Down이 없는 평지로 구성된 전형적인 패밀리 코스다. 페어웨이는 비교적 넓지만 오래된 코스답게 울창한 나무들이 빽빽하게 둘러싸고 있다.

클럽하우스 앞은 보라색 물결로 장관을 이룬다. 바로 자카란다 Jacaranda라는 나무다. 봄심을 사로잡는 미색의 가녀린 벚꽃과는 대조적으로, 자카란다는 마치 포도송이처럼 무리 지은 꽃다발이 주렁주렁 달려있다. 이처럼 만개한 자카란다 나무숲에 들어서면, 그 아름다운 보랏빛 향연에 물들어 동화 속 세상을 헤맨다.

1번 홀의 출발점에 선다. 도심에 위치한 대부분의 골프장들처럼 평탄한 지형이기 때문에 카트보다는 트롤리를 이용하거나 백을 메고 걸어서 플레이하는 경우가 대부분이다.

페이웨이는 비교적 넓고 일직선을 이루는 서비스홀들도 많다. 다만 좌우로 팔 벌린 나무 가지들을 항상 신경 써야 한다. OB가 없는 것이 유리한 것만은 아니라는 사실도 실감할 수 있다.

바람한 점 없는 맑은 하늘.

푹신한 잔디의 감촉.

유쾌한 대화.

빨간 플래그, 그린, 연못. 여유로운 라운딩.

필드에서 벌어지는 것이 스코어 경쟁만이 아니다.

자연 속에서 무려 5시간여를 헤매이는 종목이어서일까?
수렵시대의 마초적 모습들이 곳곳에서 나타나곤 한다.

골프 클럽을 가지고 벌이는 신경전도 그중 하나.
동료의 굿샷.
좀 부실한 결과를 낳은 본인의 샷.
동료의 손에 들린 그라파이트 샤프트 아이언을 본다.
그리고 햇빛에 반짝이는 본인의 스틸 샤프트.
사용한 클럽 길이의 길고 짧음뿐만이 아닌 게다.

어쩌면 유치한 예인지도 모른다.
결과에 스스로 면죄부를 주는.

그라파이트 샤프트는 하나의 재료가 아니라 여러 가지 복합적인 소재를 이용한 대표적인 제품이다.

탄소섬유Carbon Fiber와 같은 강화섬유Reinforced Fiber를 에폭시 수지와 같은 결합재를 이용하여 붙여서 종이처럼 만든 시트지를 Preimpregnated Material이라고 한다. 이를 줄여서 프리프레그Prepreg라고 표현한다. 프리프레그를 여러 장 겹쳐 붙이고 혼합하여 둥그렇게 성형한 것이 그라파이트 샤프트이다. 따라서 사용한 프리프레그의 특징, 즉, 섬유의 종류와 배열형태, 사용된 결합재의 종류에 따라 그 물리적 특성은 천차만별로 달라지게 된다.

강철보다 강하고 알루미늄보다 가벼운 첨단소재의 샤프트.

이것이 그라파이트 샤프트의 진면목인 것이다.

이제 골프에서도 터프가이 보다는 스마트한 아이돌형 가이가 필요한가보다.

마초Macho의 사전적 의미는 "(거칠게) 남자다움을 과시하는" 이란다.

왠지 본인을 제외하고는 이런 모습을 좋아하지 않는다는 뉘앙스가 묘하게 풍기기도 하는 표현이다.

뜨끔하다.

플러튼
Fullerton

Coyote Hills Golf Course

니커보커스의 상징 페인스튜어트

Coyote Hills Golf Course

Address: 1440 East Bastanchury Road, Fullerton, CA 92835

플러튼에 위치하고 있는 이 골프장은 주변 골프장에 비해서 그린피가 제법 비싸다. 물론 프로모션을 이용하여 플레이를 하였지만 궁금하다. 티 박스는 다섯 개로 구분된다. 가장 긴 골드티Gole tee 기준으로 전장 6510야드, Course Rating: 72.2, Course Slope: 135, 파 70의 코스로 구성되어있다.

입구에는 페인스튜어트Payne Stewart의 동상이 있어 눈길을 끈다. 그가 이 코스를 공동 설계하였기 때문이란다. PGA 투어에서 그의 복장은 유명했다. 무릎 아래까지만 오는 바지인 니커보커스Knickerbockers를 즐겨 입었기 때문이다.

페인스튜어트는 메이저대회인 US Open을 두 차례나 제폐하는 등 좋은 활약을 펼치고 있었지만, 1999년 US Open 우승 직후 갑작스러운 비행기 사고로 사망하여 많은 이들의 아쉬움과 애도를 받게 되었다. 메이저 대회를 우승한다는 것은 선수로서 대단한 자부심을 갖게 되는 소망이리라.

4대 메이저 대회로는 마스터스, PGA 챔피언십, 브리티시오픈, US 오픈이 있다. 한 시즌에 메이저대회를 모두 제패하는 것을 그랜드 슬램이라고 하는데, PGA 투어 역사상 이것을 달성한 선수는 없다. 여러 시즌에 걸쳐 모두 우승한 것을 커리어 그랜드 슬램Career Grand Slam이라고 한다. 이것을 이룬 선수도 역사상 다섯 명밖에는 없다. 즉, 벤 호건Ben Hogan, 진 사라센Gene Sarazen, 게리 플레이어Gary Player, 잭 니클로스Jack Nicklaus, 타이거 우즈Tiger Woods, 대단한 선수들이다.

최근 미국의 골프채널은 역사상 가장 아름다운 골프 스윙을 구사한 사람을 뽑았다. 아름다운 스윙 폼을 가진 선수 Top 10에 페인 스튜어트William Payne Stewart도 포함이 되었다. 참고로 영예의 1위는 벤 호건이었다. 그 외에도 미키 라이트Mickey Wright, 애덤 스콧Adam Scott, 샘 스니드Sam Snead, 진 리틀러Gene Littler, 톰 와이스코프Tom Weiskopf, 세베

바예스테로스Seve Ballesteros, 프레드 커플스Fred Couples, 타이거 우즈가 포함되었다. 이중에서 미키 라이트만이 여성 골퍼이다. 그리고 단서가 붙어 있었다. 타이거 우즈의 경우에는 2000년도 스윙에 한함.

골프는 정지해 있는 볼을 원하는 곳으로 쳐서 보내는 것으로 시작한다. 백스윙Back Swing—다운스윙Down Swing—팔로우Follow—피니쉬Finish로 이어지는 일련의 과정을 통하여 공을 얼마나 효율적으로 보낼 것인가는 골프의 핵심 중 핵심일 것이다.

그래서일까? 골프 관련 서적이나 방송을 보면 골프 스윙에 대한 이론과 분석이 넘쳐난다.

백스윙과 다운스윙이 만들어내는 궤도의 면을 스윙면Swing Plane이라고 하고, 이 두 개의 면이 유사하거나 그 차이가 10° 이하로 작은 경우를 원플레인Single Plane 스윙이라 하며, 그 차이가 큰 경우를 투플레인 스윙으로 구분한다. 최근에는 두 스윙의 중간으로 미들플레인 스윙이란 표현도 사용된다.

원플레인 스윙은 스윙면과 지면의 각도가 완만하여 플랫스윙Flat Swing이라 한다. 팔의 움직임은 자제하고 몸의 리드에 의해 자연스럽게 팔이 따라가며 하는 스윙을 특징으로 한다. 대표적인 선수가 벤 호건이다.

투플레인 스윙은 백스윙면이 가파른 업라이트 스윙Upright Swing이 되고 팔의 움직임을 적극적으로 활용하는 방식이다. 대표 선수로는 잭 니클라우스가 있고 좀 과장된 경우가 짐 퓨릭에 해당된다.

두 개의 스윙 패턴은 비거리와 스윙 안정성 등에서 각기 장단점을 가진다고 평가된다. 즉, 절대적인Almighty 스윙 이론은 없는 것이다. 어쩌면 백인백색百人百色의 체형과 성격을 가지는 각각의 골퍼에 모두 들어맞는 스윙이론은 어차피 존재할 수 없을 터이다. 그래서 선수들은 이 숙제를 가지고 오늘도 끙끙 앓고 있는지도.

7번 홀의 티잉 그라운드에 선다.

고저차가 심한 홀.

403야드의 파 4로 조성되어 있다.

이 코스의 시그니처 홀로 꼽고 싶을 만큼 아주 도전적인 곳.

마치 거인의 징검다리를 밟듯이 간다.

이 코스의 특징은 전반 9홀 중에 파 5홀이 하나도 존재하지 않는다는 것이다. 독특한 구성이다.

거리와 방향의 압박을 즐길 수 있는 대표적인 파 3홀들을 소개해 본다. 비거리와 정확성.

그 두 마리 토끼를 동시에 잡을 수 있는 비법은 무엇일까?

있기는 한 것일까?

8번 홀은 205야드로 조성되어 있다.

마치 아일랜드 그린처럼 보이는 섬뜩한 홀.

중간의 협곡 너머 아득히.

14번 홀.

215야드 다운힐.

그린 앞 좌측에 워터 해저드, 우측에는 커다란 벙커.

다행히 그린은 넓다. 온그린이 의미 없을 수도.

14번 홀과 매우 유사한 17번 홀.

전장 161야드.

거리가 짧아짐의 기쁨도 잠시.

벙커 바로 뒤에 핀이 위치하는 고약한 경우.

이동 중에 보면, 코스 중간에 원유 채취 시설과 유사해 보이는 장치들이 있어 눈길을 끈다.

사실, 석유 가격에 민감하게 반응해야하는 우리에게는 셰일Shale 혁명의 시대라 불리는 요즘이 고맙기만 하다.

진흙이 퇴적되어 형성된 층 즉, 셰일층에 존재하는 기름을 셰일 오일이라 부른다. 전통적인 원유를 대체할 수 있기에 주목받았지만, 셰일 오일을 추출하는 비용이 원유 생산 비용보다 비싸 재정적 이득이 없어 방치되었다. 최근 이를 저렴하게 채굴하는 기술이 지속적으로 개발, 확보되고 미국이 적극 개발을 선언하면서 세계 에너지 흐름이 요동치고 있는 것이다.

셰일 오일은 전 세계적으로 분포하고 있으나, 그 매장량은 러시아, 미국, 중국 등 면적이 넓은 국가에서 점유율이 높다.

그동안 세계 유가를 마음대로 주무르던 사우디아라비아를 포함한 전통적인 원유 생산국, 그들만의 카르텔인 석유수출국기구OPEC에게는 호적수가 나타난 셈이다.

미국의 셰일 오일에 맞서는 OPEC의 고되고 지루한 여정의 싸움이 시작되었는지도 모른다. 치킨게임 양상으로.

좀 더 비약하면, 전통적인 오일 부자인 중동 국가들의 위상이 앞으로 어떻게 변화될지도 사뭇 궁금해진다.

미션 비에호
Mission Viejo

Arroyo Trabuco Golf Club

협곡을 누비다
Arroyo Trabuco Golf Club

Address: 26772 Avery Parkway, Mission Viejo, CA 92692

미션 비에호Mission Viejo는 오렌지 카운티에 있는 도시로 과거에는 전형적인 목장지대였다고 한다. 이후 계획적인 도시개발로 주택지구가 조성되었고, 최근 캘리포니아에서 가장 안전한 도시로 선정되기도 하였다.

이 지역에 Arroyo Trabuco Golf Club이 있다. 이 골프장은 전형적인 힐Hill 코스로 협곡을 넘나들며 플레이를 하게 된다.

높은 지역에 위치하고 있어 전망이 좋다. 인위적인 코스 조성보다는 가능한 자연그대로의 모습을 살리는 방향으로 코스 설계를 한 것으로 보인다. 북적이는 도심지의 골프장을 벗어나 가슴이 탁 트이는 플레이를 하는데 적격이다. 그러나 코스는 어렵다. 백티Back tee 기준으로 7011야드의 전장과 Course Rating: 73.7, Course Slope: 134의 파 72로 조성되어 있는 챔피언십 코스다. 지역적 특성으로 페어웨이는 매우 딱딱하고 런이 많다.

17번 홀의 페어웨이에서 바라본 18번 홀의 그린.

심각한 퍼팅Putting과 무심한 관망觀望이 교차한다. 제법 규모가 크고, 짙은 회색의 목조 클럽하우스가 인상적이다. 골프장이 넓기 때문에 카트를 이용하지 않을 수 없다. 보통 1인 1카트를 쓴다.

8번 홀은 178야드의 파 3.

그린 주변이 모두 협곡이라서 정확한 공략 외에는 대안이 없다. 아일랜드 홀에 그 어떤 묘수가 있을 수 있으리오.

14번 홀은 535야드의 파 5로 조성된 홀이다.

계곡을 가로질러 직선으로 전진 또 전진.

다행히 코스가 평지.

12번 홀.

장장 467야드의 파 4로 조성되었다.

티잉 그라운드에 선다.

본인도 모르게 어깨에 힘이 잔뜩 들어간다.

착지점이 협곡을 넘어 까마득하다.

장타!! 누구에게나 열렬한 욕망이다.

드라이버로 공을 멀리 보내기위해서는 샤프트 길이가 길수록, 페이스의 반발력이 클수록 유리하다.

반발력은 페이스의 반발계수COR : Coefficient of Restitution와 밀접한 관계를 가진다. 반발계수는 물체가 충돌하기 전후의 속도비를 나타내며, 0과 1 사이의 범위다. 1은 탄성 충돌과 같은 이상적인 경우이다. 따라서 보통 1 보다 작은 값을 가지며, 충돌로 에너지 손실이 발생함을 의미한다.

통상적으로, 드라이버의 길이는 7yd/in, 반발계수는 2yd/0.01 만큼씩 비거리 증가 효과가 있는 것으로 알려져 있다.

공정한 게임을 위해서 미국골프협회USGA에서는 48in, 0.830이내로 각각 그 값을 제한하고 있다. 이를 만족시키는 것이 공인된 클럽인 셈이다.

그러나 비거리에 대한 열망을 이용하여 일부 업체에서는 고반발을 내세운 비공인 드라이버 뿐 아니라 여러 용품도 판매를 한다. 과연 스코어 개선에 얼마나 효과가 있을지 모르겠다.

Mission Viejo

갑자기 시간이 허하여 이 골프장을 방문한지라, 현지에서 조인하여 3인 플레이를 하였다.

라운드 중반쯤, 함께 동반 플레이를 하던 멤버 중 아르헨티나 출신이라던 이가 향이 좋다며 시가를 권했다. 사양했더니 양해를 구하곤 호쾌하게 불을 지핀다. 이 역시 이곳에서나 누릴 수 있는 여유로움이다.

퍼팅을 할 때가 되자 주머니에서 부스럭 부스럭 뭔가를 꺼내더니 그린에 꼽는다. 그리곤 그 위에 시가를 올려놓는다. 웃음이 절로 나왔다. 바로 시가용 스탠드였던 것이다. 아! 이 얼마나 기발한 제품이란 말인가.

웃음이 끊이지 않는, 낙천적인 플레이. 유쾌한 라운드.

우리네는 너무 진지한 것이 아닌지. 특히 스윙 이론으로 무장한 폼에 함몰되어.

이들은 자유분방한 스윙을 구사하며 즐기건만.

프로 투어에서 최정상급 선수에게도 교과서적인 스윙과는 거리가 먼 예외가 많다.

한 번도 레슨을 받아본 적이 없고 독학으로 배웠다는 버바 왓슨Bubba Watson, 8자 스윙의 대명사 짐 퓨릭Jim Furyk, 독특한 자세의 박인비In Bee Park까지.

방송이나 레슨을 통해 강요되는(?) 스윙이 내 몸을 혹사시키는 병이 될 수도 있을 거다.

타이거 우즈의 스윙코치는 여러 명이 있었다.

그중 강력한 스윙을 구사하던 전성기 때는 부치 하먼Claude Harmon Jr.이었다. 그러나 왼쪽 무릎에 가해지는 부하를 견디지 못하고 결국 2002년에 수술을 하게 된다. 그 후 행크 헤이니Hank Haney로 교체하여 변화를 시도하였으나 역시 2008년 왼쪽 무릎의 재수술을 받게 된다. 최근 션 폴리Sean Poley로 코치가 바뀌고 몸통을 적극적으로 활용하는 스윙으로 변신. 그러나 이번에는 디스크로 고생. 천하의 타이거 우즈조차도 만신창이가 되어가는 몸을 어쩔 수 없는 게다.

스윙코치, 교습가, 레슨프로가 넘쳐나는 이때 우리가 가장 조심해야 할 것이 있다. 바로 팔랑귀가 아닐까?

샌 후안 카피스트라노
San Juan Capistrano

San Juan Hills Country Club

가브리엘의 오보에

San Juan Hills Country Club

Address: 32120 San Juan Creek Road, San Juan Capistrano, CA 92675

오렌지 카운티에 속하는 도시인 샌 후안 카피스트라노San Juan Capistrano는 캘리포니아에서 가장 오래된 주거지역으로 손꼽힌다. 그 유래는 1776년 스페인 선교단체 설립으로 형성된 마을로 거슬러 올라간다. 이 선교단체의 이름은 미션 샌 후안 카피스트라노Mission San Juan Capistrano인데, 'Jewel of the Missions'라고 불릴 정도로 소중히 여겨진다. 이곳에 있던 'The Great Stone Church'는 그 당시 종탑의 높이만 120feet 10mile 밖에서도 종소리를 들을 수 있었다는데, 현재는 그 잔해만 남아있다. 그러나 'Father Serra's Church'가 다행히 원래의 모습을 간직한 상태로 현재까지 사용된다. 캘리포니아에서 현존하는 가장 오래된 곳이라 한다.

과거 식민지 시대에 스페인 정부는 영토 확장과 선교의 일환으로 도처에 미션을 설립하였다. 캘리포니아에는 총 21개를 설립하였고 이곳이 7번째였다고 한다. 미션이라는 곳은 선교소로서 뿐만 아니라 현지

원주민을 교육하고 훈련하는 장소로도 활용되었다.

영국은 현지에 자국민을 지배계층으로 이주시켜 식민지를 건설하는 방식을 택했다. 반면, 스페인은 원주민 종교의 강제적 개종뿐 아니라 문화양식 주입을 포함한 보다 적극적인 방법을 동원하여 자국의 시민으로 완전히 탈바꿈시키려는 정책을 고수한 것이다. 결국 식민지 건설을 하는 곳곳에서 마찰이 끊이지 않았다.

이러한 배경을 가지는 대표적 영화가 바로 로버트 드 니로Robert De Niro가 주연으로 나와 1986년에 개봉되었던 미션Mission이다. 칸 영화제 그랑프리 수상작이기도 하다. 영화 음악을 담당했던 엔니오 모리꼬네Ennio Morricone의 OST "가브리엘의 오보에Gabriel's Oboe"를 들으면, 라틴 아메리카에서 벌여졌던 문명 말살에 대해 많은 생각을 하게 된다.

이 지역에 위치한 대표적인 골프장이 바로 San Juan Hills Country Club이다. 이곳은 6306야드, Course Rating: 70.1, Course Slope: 128의 파 71로 조성된 곳이다. 이 골프장도 코스가 넓게 분포하고 있어서 카트 없이는 플레이가 불가능하다. 물론 굳이 걸어야겠다면야. Front 9보다는 Back 9이 좀 더 흥미롭다. 그린이 비교적 빠르다.

563야드의 파 5로 조성된 6번 홀.

다운힐이며 좌측으로 심하게 휘어지는 도그레그 홀. 양털 구름이 뭉게뭉게 피어있는 하늘, 푸른 잔디 그리고 마음이 놓이는 동반자 더 이상 무엇을 바라랴.

13번 홀. 355야드의 파 4. 좌측의 나무를 가로지르는 것이 Shortcut. 착지점에는 여지없이 벙커가 있다.

142야드의 파 3로 조성된 14번 홀. 핀의 위치는 벙커 뒤쪽이 아니라 중앙이다. 그래서 아름다운 홀이다.

운이 좋게 모처럼 2인 플레이를 했다. 동반 플레이어는 오래전 멕시코에서 이주해 와서 정착하였고, 이곳이 홈 코스라 손바닥 보듯 플레이한다. 6번 홀에서는 3번 우드로 10m 칩샷Chip Shot을 하여 버디Birdie로 연결. 하이파이브를 해주며 기쁨을 나눈다. 전반 9홀을 마쳐갈 때 쯤 어떤 샌드위치를 좋아하는지 묻는다. 그리곤 티잉 그라운드 옆에 있는 전화기로 통화를 한다. 라운드 내내 미안할 정도로 친절함을 받았는데, 샌드위치까지 대접 받았다. 이런 호사가 어디 있으랴. 처음 만난 어색함은 라운드를 하며 친숙함으로 바뀌고, 이런저런 세상사는 이야기도 나누다 보면 또 한명의 지인으로 남게 되는, 이것이 골프의 묘미요 다시금 봇짐을 싸서 필드Field로 나서게 하는 이유 일게다.

애너하임
Anaheim

Anaheim Hills Golf Course

꿈속 같은 디즈니랜드

Anaheim Hills Golf Course

Address: 6501 E Nohl Ranch Rd, Anaheim, CA 92807

애너하임Anaheim은 오렌지 카운티에 속하는 대도시로 독일에서 이주해온 사람들에 의해 건설되었다. 지명은 인근에 있는 산타아나강과 독일어로 '집'이라는 의미의 '하임Heim'에서 유래되었다고 한다. 이곳은 LA Angels의 연고지이다. 과거 박찬호 선수가 LA 다저스 소속으로 있을 때 이 팀과의 경기에서 일명 '이단 옆차기'를 선사해 우리에게 선명하게 각인된 팀이기도 하다.

누가 뭐래도 이 지역의 랜드마크Land Mark는 디즈니랜드Disneyland이다. 1955년에 개장한 이후 누적 관람객의 수가 5억 명을 넘는다고 하니 전 세계적으로도 독보적인 곳이다.

여러 유명 캐릭터들이 있지만 디즈니월드의 대표선수인 미키마우스Mickey Mouse 손을 잡고 있는 월트 디즈니Walt Disney의 동상이 정겹다. 그 뒤로는 디즈니랜드의 상징이 된 아름다운 성이 있다.

잠자는 숲 속의 공주Sleeping Beauty와 더불어.

이 곳의 모태가 된 성은 독일 퓌센Füssen에 있다.

'Schloss Neuschwanstein'는 영어로 New Swan Stone Castle이니 '새로운 백조 석조 성' 인셈.

정말로 아름답다는 감탄이 절로 나오는 곳이다.

하지만 이곳에는 중세 기사의 전설과 함께 루드비히 2세Ludwig II의 바이에른 국왕 등극-폐위-죽음에 이르는 슬픈 이야기가 깃들어있다. 디즈니랜드에서는 절대로 볼 수 없는 설경을 간직한 LP 재킷이 그 아련함을 더한다.

이 지역에 위치한 퍼블릭 골프장이 2개 있다. 평지에 조성되고 전장이 짧은 Dad Miller Golf Course는 시니어Senior나 비기너Beginner에게 특히 인기가 좋다. 이에 반하여 Anaheim Hills Golf Course는 고저차가 심한 상당히 어려운 코스다.

블루티Blue tee 기준으로 6266야드 Course Rating: 71.4, Course Slope:

124의 파 71로 조성된 이 코스는 숫자들만 보고 만만하다 할만하다. 허나 블라인드 홀, 업힐, 다운힐을 포함한 극명한 산악 코스로, 코스 레이아웃을 잘 알더라도 좋은 스코어가 보장되지 않는 곳이다.

2005년에 'Clubhouse of the Year' 상을 수상하였다는 클럽하우스 전경이 아름답다.

첫 단추. 484야드의 파 5. 다운힐로 구성된 티잉 그라운드에 서면, 페어웨이 정중앙에 서있는 커다란 나무가 당혹스럽게 만든다. 스크린. 시작될 난코스에 대한 복선이랄까.

마지막 단추. 472야드의 파 5. 서비스홀. 단, 페어웨이 양측에 도열해 있는 나무들 중앙에 안착했다면.

이 코스에서 유명한 3개의 파 3홀을 소개한다.

대표선수인 5번 홀. 유명세를 타는 254야드의 홀. 화이트티White tee 도 245야드. 고저차가 큰 다운힐로 조성되었다고는 하나 도대체 어떤 클럽을 선택해야할지.

짐승에 가까운 투어 선수들조차도 고개를 절레절레 흔들던 2013년 US Open에서 256야드 파 3의 3번 홀. 강한 맞바람까지 불어 필미켈슨Phil Mickelson은 드라이버를 잡고도 더블 보기를 했었다.

하물며 우리네에게 이 무지막지한 거리의 파 3홀이란 경악스러운 것이다. 그러나 생각을 다시해 보면 너무도 재미있는 홀이 될 수 있다. 앞 조도 이 홀의 2/3 지점에서 세컨드 샷을 하고 있다. 다들 얼마나 헤매나 경쟁 중이다.

13번 홀은 207야드의 파 3로 조성된 홀이다. 화이트티White tee도 200야드. 이곳도 심한 다운힐이다. 멀리 클럽하우스와 주변 경관이 한눈에 들어오고 바람도 시원하다. 멋지다를 되뇌는 순간, 1시 방향, 나무로 둘러싸여 손바닥만 하게 보이는 그린을 향하여 티샷을 해야 한다는 것에 정신이 번쩍 든다.

164야드의 파 3로 조성된 17번 홀이다. 이곳도 마찬가지로 고저차가 심한 다운힐. 그러나 그동안의 맘 고생에 대한 보답인지 그린도 넓고 벙커마저도 없다. 핸디캡 18이다.

Anaheim

6번 홀은 347야드의 파 4.

그린은 물론 페어웨이도 제대로 보이지 않는 철저한 블라인드 홀. 그렇다보니 아예 이렇게 CCTV를 설치해서 앞 팀의 플레이 상태를 확인한 후 티샷을 하도록 되어있다. 재미있는 발상이다. 모두들 한 번씩은 즐겁게 들여다본다. 만면에 미소를 띠고.

함께 플레이했던 동반자 중에 비제이 싱Vijay Singh을 연상시키는 이가 있었다. 몸무게가 100kg도 넘어 보이는 거대한 체구. 그가 사용하던 클럽이 눈길을 잡는다. 빈티지 모델로 Tour Model이라고 각인되어 있는 블레이드Blade 아이언. 관심을 나타내었더니, 타이거우즈가 이와 동일한 것을 사용했었다며 어깨를 들썩인다. 물어봐주기를 얼마나 잘한 일인지.

골프와 함께 한 세월이 길어질수록 대충 쳐도 '똑바로' 가는 클럽을 선호하게 된다. 진지한Serious 골퍼에서 점점 더 멀어지는 게다. 그래서일까, 각 업체에서는 관용성이 높고 편안한 클럽 디자인에 대한 연구와 그 결과물을 쏟아내고 있다. 그러다 보니 치는 맛이 없다고 불평하는 자칭 고수들의 반론도 이어진다.

연습장 문화가 고도로 발달한 우리나라에서야 '연습장용'이라 불릴 만큼 치기 어렵다는 클럽을 굳이 선호하는 사람도 있는 것이다. 스위트스폿도 작고 실수하면 여지없이 응징당하는.

단조 머슬백 아이언.

페이드Fade, 드로우Draw를 자유자재로 구사하고 적정 스핀Spin으로 그린에 바로 세우는 등의 기술 샷이 용이한 클럽.

얼마나 환상적이란 말인가.

과거, 거품이 심하게 낀 고가의 클럽이 과시용(?)으로 사용된 적도 있었지만 지금이야 웃음거리가 될 일이다.

투어프로들도 하이브리드 클럽을 서슴없이 빼어드는 세상에.

/

어바인
Irvine

Strawberry Farm Golf Club

Rancho San Joaquin Golf Course

/

살기 좋은 모범생 도시
Strawberry Farm Golf Club, Rancho San Joaquin Golf Course

어바인Irvine은 오렌지 카운티에 있는 도시로 LA와 샌디에이고 사이의 중간쯤 위치한다. 제임스 어바인James Irvine으로 부터 부여받은 토지를 기초로 세워진 대표적인 계획도시이다. 그래서인지 도시 대부분의 부동산을 어바인 컴퍼니Irvine Company가 소유, 임대하고 있다. 미국 내에서도 낮은 범죄율, 소득, 교육수준 등 살기 좋은 도시로 손꼽히는 곳이다. 한국을 비롯한 동양권 사람들의 유입이 급속도로 이루어지는 대표적인 곳이다. 시장도 한국 사람이다. 이곳에는 4개의 골프장이 있는데 그중 대표적인 Strawberry Farm Golf Club와 Rancho San Joaquin Golf Course를 소개한다.

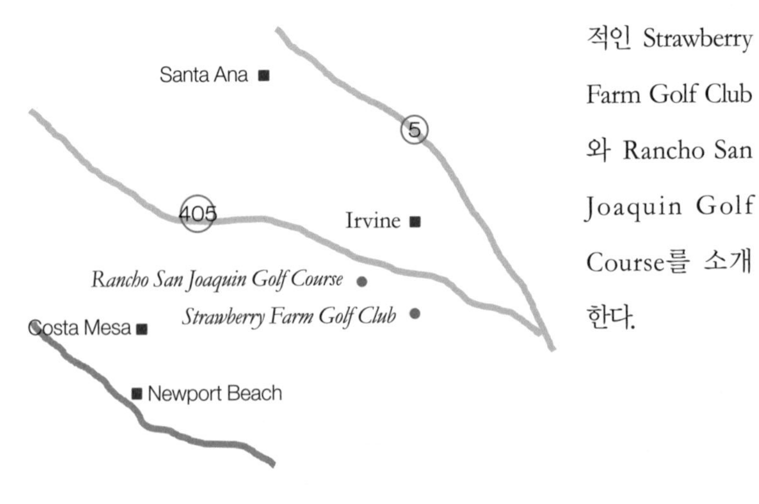

Strawberry Farm Golf Club

Address: 11 Strawberry Farm Road, Irvine, CA 92612

이 지역 최고의 골프 클럽으로 손꼽힌다. 경관, 코스상태, 레이아웃 그리고 서비스도 매우 만족스럽지만 그만큼 그린피가 비싸다. 클럽 명칭에서도 알 수 있듯이 입구에 딸기밭이 있다. 코스 내에서는 만화 영화에 등장하는 매우 빨리 달리는 새Road Runner Bird처럼 생긴 녀석을 비롯해서 다양한 야생 동물들을 유난히 많이 만날 수 있다. 이 골프장의 Front 9은 협곡을 따라 조성되어 있고, Back 9은 커다란 호수를 끼고 조성되어있다. 커다란 바람개비 풍차가 있는 클럽하우스가 인상 깊다.

블루티Blue tee 기준 361야드의 파 4로 조성된 10번 홀.

나무 한그루마다 스프링클러로 물을 줘야하는 이 지역의 특징과는 대조적으로 큰 호수를 보며 시작한다.

해저드를 가로 질러 정면의 벙커가 있는 곳이 Shortcut이다. 그러나 만만치 않다.

16번 홀.

파 5의 479야드.

세컨드 샷 지점에 있는 커다란 나무가 스크린 역할을 한다.

코스를 디자인한다는 것.

무척이나 흥미로운 일 일 듯 보인다. 세심한 디테일까지.

이 코스의 티 박스는 Black, Blue, White, Gold, Red로 구분된다. 블랙티Black tee 기준으로 전장이 6700야드이며, Course Rating: 72.7, Course Slope: 136, 파 71의 챔피언십 코스이다.

17번 홀.

파 3의 167야드.

그린은 좌측이 넓으나 우측으로 갈수록 좁아진다.

역시 오늘도 핀은 우측, 벙커 뒤에 꼽혀있다.

고마운 게다. 즐기라하니.

블루티Blue tee 기준으로 전장이 6276야드이며, Sourse Rating: 70.7, Course Slope: 131, 파 71로 구성되어있다.

레이디티Lady tee는 White, Glod, Red tee가 사용되며, 파 72로 플레이된다.

Rancho San Joaquin Golf Course

Address: 1 Ethel Coplen Way, Irvine, CA 92612

어바인 시내 중심부에 위치한 전형적인 대중 골프장. 접근성이 좋기 때문에 항상 사람들로 인산인해를 이룬다. 이런 이유로 그린피도 코스에 비해 저렴하지 않다. 트와일라잇Twilight을 이용하는 것이 현명하다. 클럽하우스는 매우 소박하지만 정겹다.

5번 홀.

517야드의 파 5.

재미있지만 어려운 홀이다. 핸디캡 1.

티잉 그라운드에서는 페어웨이 벙커Fairway Bunker만 보인다. 그 지점부터 내리막으로 되어 있다. 벙커를 넘긴 장타라면 다음의 정경을 보게 된다. 그린은 워터 해저드 뒤편의 언덕위에 위치한다. 어차피 2온은 불가. 그럼 공략 루트는? 좌측 우회 또는 정면돌파이다.

13번 홀. 181야드 파 3.

그린은 넓다. 해저드도 그리 위협적이지 않다.

복병은 좌에서 우로 부는 강한 바람이다.

가끔 워터 해저드에 수장된 많은 공들을 수거하는 진풍경을 볼 수 있다.

이 골프장의 티 박스는 Back, Middle, Forword로 구분된다. 백티 Back tee 기준으로 전장 6431야드이며, Course Rating: 70.5, Course Slope: 126의 파 72로 구성된 패밀리 코스이다.

미국 골프장의 그린피는 플레이하는 시간에 따라 다르다. 18홀 플레이를 모두 마칠 수 있는 시간이 보장되는 티업 타임Tee-Up Time을 기준으로 한다. 물론 그 시간은 지역, 계절에 따라 달라진다. 통상적으로 여름의 경우, 기준 시간은 2~3시 정도이다. 이 시간 이후의 플레이는 트와일라잇으로 부르고 정규 그린피보다 저렴하게 이용할 수 있다. 4시 이후는 Super-Twilight으로 아주 파격적인 가격. 하절기에는 8시가 넘어서도 플레이가 가능하므로 아주 저렴한 가격으로 즐기기에는 안성맞춤인 셈.

짙은 구름과 저녁 햇살의 조화. 길게 누운 그림자.

이것이 꿈길이라 속삭인다.

설렁탕 한 그릇 가격으로 즐기는.

란초 산타 마가리타
Rancho Santa Magarita

Tijeras Creek Golf Club

선인장 그리고 몰입

Tijeras Creek Golf Club

Address: 29082 Tijeras Creek, Rancho Santa Margarita, CA 92688

랜초 산타 마가리타Rancho Santa Margarita는 오렌지 카운티에 속한다. 전통적인 목장지역으로 구릉지대에 위치한 도시이다. Tijeras Creek Golf Club은 그 이름에서 특징이 배어나온다.

지형적 특성과 자연성을 최대한 살려 디자인되어서 몇몇 홀을 제외하고는 페어웨이가 기기묘묘하고 롤링이 심하다.

전장 6918야드, Course Rating: 73.4, Course Slope: 136의 파 72로 조성된 챔피언십 코스이다. 블루티Bule tee 기준으로는 전장이 6547야드인데, 거리 보다는 공략 지점을 선정하기가 매우 까다롭다. 이 골프장은 특이하게도 페어웨이 경계에 선인장을 심어놓아 눈길을 끈다.

도심지에 있는 코스와는 달리 OB 지역이 많다. 샷 하나하나에 따라 희비가 엇갈리는 홀들. 공격적인 샷과 안정지향의 샷. 응분의 대가냐 짜릿한 쾌감이냐를 극명하게 느껴볼 수 있다.

7번 홀은 200야드의 파 3로 조성된 홀이다.

분수가 있는 시원한 워터 해저드를 넘겨야 한다. 그린이 매우 단단하기 때문에 거리의 압박을 받는 홀이다. 그린 스피드도 상당하기 때문에 소심한(?) 퍼팅이 도움이 된다.

골프의 목표는 명확하다

공을 홀에 넣는 것이다. 따라서 이전의 플레이는 공이 들어갈 때야 비로소 그 의미를 가진다.

멋있는 홀인에 가산점을 주지도 않는다. 룰Rule을 위배하지 않는 범위 내에서 어떤 방법으로든 공을 넣기만 하면 유효하다. 티잉 그라운드에서 그린으로 가는 과정에 발생하는 실수. 그것을 최소화하는 게임. 특히 그린에서의 실수는 최소한 1타 이상의 순손실을 준다. 그래서 골프를 치면 칠수록 퍼팅Putting의 어려움을 토로하는 게다. 그러다 보니 무언가가 효과적이라는 소리만 들어도 귀가 솔깃해진다. 퍼팅에는 왕도가 없다. 자세도 클럽도. 지극히 주관적. 그래서일까 퍼터는 유독 많은 바꿈질의 대상이 된다. 나를 대신해서 속죄양Scapegoat이 되는 셈이다. 애착이 가는 퍼터가 있다.

2003년에 밸리퍼터Belly Putter로 발매된 Pro-Platinum Mid-Sur 모델이다. 34in로 개조. 묵직함이 블레이드 퍼터Blade

Putter의 예민함을 보정해준다. 페이스면의 가공자국이 예술 작품 같다. 타구감도 일품이다.

말렛Mallet 스타일의 뭉툭함을 싫어하는데 이 모델은 절충형이다. 다만 투볼의 위력이 없어 선을 만들어 붙여주었다.

12번 홀은 파 4로 조성되었으며, 337야드의 전장을 갖는다.

서비스홀일거라는 기대는 티잉 그라운드에 서면서 물거품이 된다. 페어웨이가 개미허리다. 우측, 좌측 모두 OB 지역이다. 이런 홀을 바라보면 가슴부터 두근거리게 되는데 공략하기에도 만만치 않다.

7번 홀과 워터 해저드를 공유한다.

157야드의 파 3로 조성된 홀이다. 그린 바로 앞은 암석을 이용해 치장을 해 놓았다. 전형적인 파 3홀이다. 주로 맞바람이 불고, 앞핀인 경우가 많단다.

Rancho Santa Magarita

14번 홀은 165야드의 파 3로 조성되었다. 티잉 그라운드에 서면 그 모습에 혀를 내두르게 만든다. 그린이 무성한 나무들로 가려져 있어 신비감마저 드는 홀이다. 심한 다운힐은 그렇다 치더라도, 멀리 빨간 플래그-깃대만 겨우 보인다.

8번, 7번, 6번, 3개의 아이언을 들고 티잉 그라운드에 오른다. 그리고 6번이 택함을 받는다. 최대한 부드럽게를 되뇌며 스윙Swing, 볼Ball은 높은 포물선을 그리며 날아간다.

그리고 시야에서 사라진다.

카트를 타고 그린으로 향한다.

오늘은 다국적군으로 구성된 4 Some 플레이.

①전형적인 미국 백인 아저씨 ②시원한 반바지에 맨발로 샌달형 골프화(?)를 신고 종횡무진 누비던, 인도 출신이라던 이 ③스코틀랜드가 선명하게 각인된 드라이버 헤드커버를 자랑스러워하던, 마치 영화 '브레이브 하트'에서 금방 튀어나온 것 같았던 힘 좋던 ④고군분투하는 본인

한참 카트 도로를 돌고 돌아 마지막으로 그린에 도착. 그린위에는 하나의 공만 보인다. 그 순간 먼저 도착해있던 동반 플레이어들의 환호성에 내 공임을 아는 순간에도 믿기지가 않았다. 아쉽게 홀인원을 놓쳤다고 위로를 해준다. 멍한 가운데 탭인 버디. 다시금 소중한 체험.

그저 자신을 믿어준다는 것.

미하이 칙센트미하이Mihaly Csikszentmihalyi 박사의 《몰입의 즐거움 Finding Flow》이라는 책이 있다.

몰입Flow이라는 단어에 이끌려 집어든 책이다. 그런데 저자 이름만큼이나 단번에 읽어내기에는 부담스럽다. 인내심을 가지고 읽어보면, 우리가 상투적으로 이야기하는 '행복'이라는 것과 '일상사에서 어떤 일에 깊이 몰두하여 마치 시간의 흐름을 잊은 것과도 같았던 상태'를 연결 지어 행복 찾기의 키워드로 '몰입'이라는 개념을 소개하고 있다.

저자가 말하는 몰입이란 『삶이 고조되는 순간에 물 흐르듯 행동이 자연스럽게 이루어지는 느낌』이라 표현된다. 또한 저자는 삶을 훌륭하게 가꾸어주는 것은 단순한 행복감이 아니라 깊이 빠져드는 일련의 몰입을 통해서라고 말한다.

『일이 마무리된 다음에야 비로소 지난 일을 돌아볼 만한 여유를 가지면서 자신이 한 체험이 얼마나 값지고 소중했는가를 다시 한번 실감하는 것. 즉, 되돌아보면서 행복을 느낀다.』라는 표현에 특히 공감이 간다.

골프만큼이나 몰입의 연관성도 복잡해지는 듯.

골프란, 『이러한 몰입 상태를 적절히 즐기기 위함, 그래서 내 행복의 애드벌룬ADballoon을 하늘 높이 띄우기 위한 퍼즐 조각을 맞추어 나가는 것』이라고 한다면 너무 미화한 것일까?

요바 린다

Yoba Linda

Black Gold Golf Club

리처드 닉슨 대통령의 출생지
Black Gold Golf Club

Address: 1 Black Gold Drive, Yorba Linda, CA 92886

요바 린다Yorba Linda는 오렌지 카운티에 속한 도시로, 미국의 37대 대통령이었던 리처드 닉슨Richard Nixon의 출생지이기도 하다. 그래서 이곳에는 리처드 닉슨 기념도서관이 건립되어있으며, 그의 생가도 보존되어 있다. 이 도서관에는 유명한 워터게이트 사건에 대한 전시실도 있다. 최근 연방법원의 판결에 의거해서 워터게이트 사건의 대배심 증언을 공개하도록 하여 관심을 끌기도 했다. 권자에서 물러난 닉슨 대통령이 했던 증언 내용으로, 공개된다는 것 자체가 매우 이례적인 경우라 하겠다.

요바 린다는 몇 년 전 발생한 산불로 큰 피해를 입기도 하였다. 그 당시 아놀드 슈워제네거Arnold Schwarzenegger 캘리포니아 주지사가 비상사태를 선포할 정도였다.

Black Gold Golf Club는 바로 이 지역에 위치한 골프장으로 블루티Blue tee 기준 Course Rrating: 71.6, Course Slope: 130 전장 6439

야드의 파 72 코스이다.

Arthur Hills가 코스 설계를 하여 2001년 10월에 개장했다. 이곳은 전형적인 Canyon 스타일 코스답다. 평탄한 페어웨이에 좌우로 빽빽한 나무로 뒤덮인 도심지 코스와는 분위기부터가 다르다. 구불구불 협곡과 구릉이 이어지는 코스로 도전욕구를 자극한다.

8번 홀은 203야드의 파 3로 조성된 홀.

우측으로 밀리는 샷은 절대로 조심.

378야드의 파 4로 조성된 14번 홀은 서비스홀. IPIntersection Point가 큰 의미 없는 직선홀. 마음껏 드라이버를.

16번 홀. 200야드의 파 3. 그린의 위치가 티잉 그라운드보다 높다. 그린 전면의 경사가 심하다. 한 클럽 더.

마지막 18번 홀은 518야드 전장을 가지는 파 5로 구성되어있다.

이 골프장에서는 LPGA에서 활약하는 한국 낭자들의 연습 장면을 종종 볼 수 있고 오늘도 한명이 라운드 중이라고 스타터Starter가 굳이 알려준다. 브리트니 린시컴Brittany Lincicome, 비키 허스트Vicky Hurst, 수잔 페테르손Suzann Pettersen 등 건장한 체구와 타고난 장타력. 아무리 골프에서 비거리로만 승부가 결정되는 것은 아니라 해도 신체적 핸디캡을 극복하고 놀라운 성적을 일궈내는 것이 얼마나 대단한 일인지. 그리고 그것을 위해 얼마나 많은 땀방울을 흘렸을까를 생각하면 다시금 우레와 같은 박수를 보내고 싶다.

터스틴
Tustin

Tustin Ranch Golf Club

젊음의 도시

Tustin Ranch Golf Club

Address: 12442 Tustin Ranch Road, Tustin, CA 92782

터스틴Tustin은 오렌지 카운티에 속하는 도시이다. 과거 콜럼버스 터스틴Columbus Tustin이 이 지역에 도시의 터전을 닦은 것이 시초이다. 현재 백인과 히스패닉계가 전체 인구의 80%이상을 차지한다. 캘리포니아 전체의 평균 연령보다 2살 정도가 젊은 도시라고 한다.

Tustin Ranch Golf Club은 이 지역에 위치한 골프장으로 프리미엄급 이라할만 하다. 단, 그린피가 비싼 게 흠이다. 한국의 골프장에서는 당연히 캐디가 동반하여 카트 운전, 클럽 캐리, 하물며 그린에서 공까지 놔주어 그야말로 황제 골프를 누리게 해준다. 하지만, 이곳에서는 캐디 자체가 없는 곳이 대부분이다. 그런데 이 골프장에서는 캐디를 따로 고용할 수 있다. 하지만 캐디를 부를 만큼 그에 걸맞은 실력이 뒷받침되어야 할 듯. 마치 투어 캐디처럼 말이다.

이 코스는 블랙티Black tee 기준으로 6803야드 Course Rating: 73.5, Course Slope: 134 파 72로 조성되어있다. 지형은 비교적 평탄하나 벙커와 구릉, 나무들을 적절히 배치하여 난이도를 조절하였다. 걸어서 플레이하기에는 최적이라 할만하다. 그린은 보기보다 빠르고 2단 그린이 대부분이다. 결국, 핀 위치가 관건인 셈이다.

골프장의 입구로 들어서면서 하얀색 구릉다리 밑을 통과한다. 코스에서 이 다리는 11번 홀로 이어진다. 시원한 분수의 물줄기, 양측에 늘어선 야자수가 반겨준다.

시간이 많지 않은 관계로 카트를 이용하기로 한다. 깔끔하다. 플레이 중간에 먹이를 달라고 졸졸 따라다니는 오리 부부도 만날 수 있다.

TUSTIN RANCH GOLF CLUB

SPEED
LIMIT
15

4번 홀은 401야드의 파 4로 조성된 홀이다. 그린까지 일직선이며, 페어웨이도 넓은 서비스 홀이다. 아무런 고민 없이 파란 하늘로 마음껏 드라이버를.

11번 홀. 170야드의 파 3로 조성된 시그니처 홀. 그저 아름답다.

397야드의 파 4로 조성된 18번 홀이다. 클럽하우스를 향하여 그린 앞쪽에 커다란 워터 해저드가 있다. 티잉 그라운드에 서면 페어웨이 중간 양쪽에 커다란 나무 2그루가 굳건히 서 있다. 이 나무 사이로 티샷을 정확히 해야 한다는 경고다. 그런데 우측의 나무가 상반신만 시원찮다. 지나가면서 보니 이발 중!! 플레이어들의 항의가 많아서였을까? 나무의 가지치기 작업이 한창이었던 것이다. 절묘한 타이밍.

라운드를 거듭하며 동반자들과 신경전을 벌이는 마초적 요소 중 하나가 샤프트의 강도 아닐까?

R이냐 S냐의 문제.

다시 한번 유치해진다.

강도Strength는 외부에서 작용하는 힘에 저항하는 특성을 말한다. 샤프트의 강도는 굽힘Bending과 비틀림Twisting에 대한 것으로 나누어볼 수 있다.

비틀림 강성은 토크Torque로 나타낸다. 즉, 토크 값을 그대로 숫자로 표시한다. 일반적으로 4~5정도 범위가 많이 사용된다. 스윙 속도가 110mile이 넘지 않으면 구질에 큰 영향을 주지 않는 것으로 알려져 있다. 짐승에 해당되지 않는다면 크게 신경 쓰지 않아도 되겠다.

통상적으로 샤프트의 강도는 굽힘 강도로 대변된다.

손으로 잡게 되는 부분을 샤프트의 Butt, 헤드가 연결되는 부분을 Tip 이라고 한다. 샤프트 굽힘강도의 정적Static 측정 방법은 단순하다. Butt를 고정 시킨 다음, 샤프트 Tip 쪽에 무게를 달아 처짐량을 측정하는 것이다. 그러나 스윙시의 물리적 특성과의 연관성이 부족하여 근래에는 사용되지 않는다.

Butt를 고정 시킨 상태에서 Tip을 일정길이 잡아당겼다가 놓으면, 샤프트는 상하로 자유롭게 진동하게 된다. 일분 당 몇 회 운동이 있었는지를 나타내는 것이 CPMCycle Per Minute이다. 즉, 관행적으로 샤프트

진동의 주파수를 측정하는 것이 굽힘강도에 대한 동적Dynamic 측정방법이다. 진동 주파수가 높다는 것은 샤프트 강도가 그만큼 강하다는 것을 의미한다.

제조업체에서는 측정된 진동 주파수만을 숫자로 표기하는 대신 다음과 같은 등급으로 나타낸다. LLady, ASenior, RRegular, SStiff, XExtra Stiff. 따라서 샤프트에 새겨진 알파벳이 유연성Flexibility을 대변하는 Flex인 셈이다.

불행하게도 CPM과 Flex의 매칭이 업체마다 제각각이라는 문제가 있다. 드라이버의 경우, 추천되는 매칭표 예를 나타내었다. 구입하고자하는 무게의 샤프트 제조업체 스펙에서, 자신의 클럽 스피드에 맞는 추천 강도에 해당하는 Flex를 선택하면 된다.

클럽 스피드 (MPH)	추천 강도 (CPM)
85 ~ 90	225 ~ 235
90 ~ 95	235 ~ 245
95 ~ 100	245 ~ 255
100 ~ 105	255 ~ 265
105 ~ 110	265 ~ 275

일부업체에서는 CPM 값은 R에 해당하지만 Flex를 S로 표기하는 경우도 있다. 일부 골퍼의 마초적 허세를 간파한 것이리라.

레이크우드
Lakewood

Lakewood Country Club

아메리칸 컬 고양이의 기원

Lakewood Country Club

Address: 3101 E Carson St, Lakewood, CA 90712

레이크우드Lakewood는 LA카운티에 속하는 도시다.

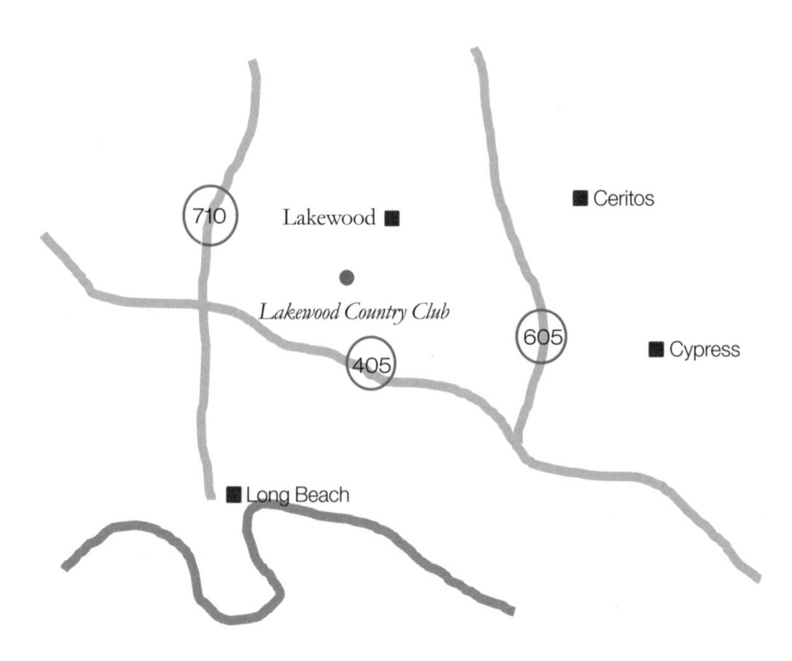

'아메리칸 컬'이라는 독특한 귀 모양을 한 고양이 종류가 있다고 한다. 고양이와 그다지 친하지 않다면 패스하시기를. 이 고양이의 유래는 바로 이 도시의 한 가정에서 시작되었다고 한다. '슐라미스Shulamith'라는 이름을 붙여준 부드러운 긴 털과 평범하지 않은 귀를 가진 까만 암고양이가 기원이라는 것. 이 종은 태어나서 4일이 지나면 귀에 있는 연골이 말려들어가기 시작. 그대로 굳기 시작하여 3~4개월이 지나면 최종적으로 둥그렇게 말린 형태로 고정. 마치 바이킹 뿔 모자처럼 생겨진 이 모습을 좋아하는 사람들이 그 희귀성 때문에 더욱 집착한다는.

Lakewood country club이 여기에 위치하고 있다. 이 골프장은 1933년 개장한 오래된 곳이다. 롱비치공항에 인접해있고, 프리웨이에서도 가깝다. 또한 도심에 위치하고 그린피가 저렴해서인지 인산인해. 5 Some 플레이도 심심치 않게 볼 수 있다. 골프장이름에서도 연상할 수 있듯이 길게 이어지는 호수와 많은 나무들이 코스의 특징.

전장이 7033야드에 이르는 챔피언십 코스로, 이 골프장의 규모는 크다. 챔피언십 티를 제외하면 티 박스는 Back tee, Middle tee, Orange tee, Forword tee의 총 4개로 구성되어있다. 오렌지티는 시니어용이다. 레이디티Tady tee라고 이름붙이지 않은 것은 합리적이다. 기골이 장대한(?) 여성들은 일반티에서 플레이하고 있으니. 레이디티라는 명칭 자체가 차별일 수도.

이 코스는 백티블루티 기준으로 전장 6729야드, Course Rating: 71.4, Course Slope: 121, 파 72로 조성되어있다. 전형적인 도심형 골프장이기에 Up-Down이 거의 없는 평지의 코스다. 시간여유가 있다면, 걸어서 플레이하기에는 더할 나위 없이 좋은 코스이다.

6번 홀. 447야드의 파 4. 좌측의 워터 해저드를 따라 플레이를 하게 되며, 지극히 평탄한 지형으로 구성되어 있다.

12번 홀. 217야드의 파 3.

정면의 워터 해저드는 큰 문제가 되지 않는다. 이 거리에서 그린에 바로 세우려면? 이 코스의 파 3 홀들은 하나만 163야드이고 나머지는 모두 200야드를 훌쩍 넘는 홀로 구성되어있다.

분명, 이동네 사람들의 음식은 뭔가 다르리라.

예상치 않은 시간이 허락되어 만면의 미소를 띠고 이 골프장에 이른다. 싱글이므로 그룹에 조인Join할 때까지 기다려달란다. 1번 홀로 가서 스트레칭을 한다. 백인 아주머니들이 카트를 타고 온다. 잠시 후 방송과 함께 설마 아니겠지 하는 기우가 현실임을 아는 순간. 프런트로 다시 갔더니 이름의 성만 보고 팀을 구성해서 착오가 있었다며 사과를 한다. 머리가 좋은 게다. 본지 얼마나 지났다고. 결국 2팀을 더 보내고 나서야 다른 남자 팀에 합류를 했다. 단지 울렁증 없는 플레이만을 위해서가 아니라. 미국 골프장의 장점 중 하나가 예약 없이도 플레이를 할 수 있다는 것인데, 혼성팀을 구성하는 경우는 거의 없다. 재미있는 해프닝이다.

아주 저렴한 비용으로 플레이가 가능한 골프장. 나무 그림자가 길게 누운 늦은 오후. 누구나 만끽할 수 있는 느긋함. 우리에게는 언제쯤 이런 날들이 찾아올까 하는 부러운 마음을 애써 추슬러 본다.

라 하브라
La Habra

Westridge Golf Club

아보카도의 풍미

Westridge Golf Club

Address: 1400 South La Habra Hills Drive, La Habra, CA 90631

라 하브라La Habra는 오렌지카운티에 있는 도시이다. 최초의 지명은 'Pass Through the Hills'라는 의미의 'Rancho Canada de La Habra'에서 시작되었다고 한다. 이곳의 북쪽에는 La Habra Heights라는 유사한 지명의 도시가 있는데 이는 LA 카운티에 속한다.

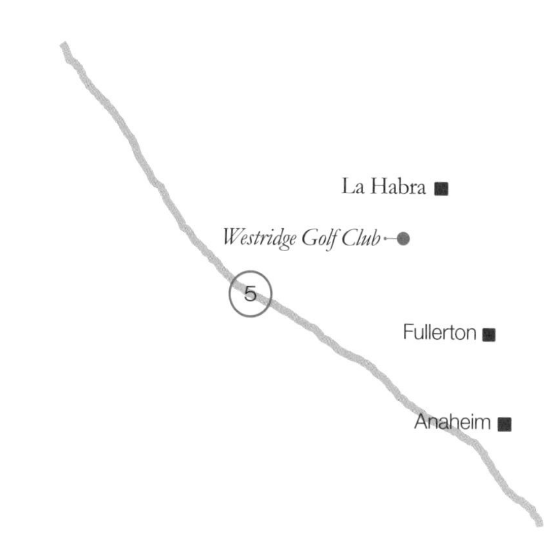

멕시칸 음식이 먹고 싶을 때 가는 레스토랑에서의 단골 메뉴가 Guacamole Live이다. 문자 그대로 즉석에서 잘 익은 아보카도를 갈아서 토마토, 양파등과 섞어 소스를 만들어주어 또띠아 칩을 찍어먹는 것이다. 라 하브라 지역이 바로 이 아보카도의 생산지로 유명하다. 아보카도는 고소함이 일품이지만 지방함량이 높다. 불포화지방산이긴 하지만. 라운드 때 간식으로 먹는 바나나보다 칼로리가 3배가 높다고 하니 늘 친하게 지낼 수만은 없는 듯.

바로 이 La Habra에 위치한 대표적인 골프장이 Westridge Golf Club이다. 블랙티Black tee 기준으로 Course Rating: 72.7, Course Slope: 135, 전장 6611의 파 72코스로 구성되어있다. 파 3홀은 요즘의 추세와는 다르게 150야드 내외의 정확도 위주로 세팅되어있다. 다른 골프장들과는 달리 코스 곳곳에 OB 지역을 알리는 푯말이 눈에 띈다. 때론 방울뱀이 있다는 섬뜩한 푯말과 함께.

13번 홀은 351야드의 파 4. 약간의 오르막. 혹여 막혀 있던 가슴 구석구석이 뻥 뚫린다. 청명한 하늘로 마음껏.

338야드 파 4로 조성된 16번 홀. 거리는 짧지만 서비스홀이 아니다. 우측으로 밀리면 OB. 그린앞에는 협곡처럼 보이는 워터 해저드. 그린은 Semi-Island Green이다. 사진이 몽환적이다.

18번 홀은 클럽하우스를 향하여 심한 내리막이다. 491야드의 파5. 그린 앞에는 워터 해저드가 있다. 장타자라 하더라도 해저드가 부담. 레이업Lay-Up을 하는 경우에도 140야드 정도를 남기게 된다. 미국 골프장의 클럽 하우스에서는 다양한 행사가 열린다. 오늘은 결혼식으로, 하얀 건물 앞 언덕에서 하객들이 샴페인 잔을 들고 골프 구경을 한다. 갤러리가 눈에 밟힌다. 머릿속에는 이미 멋진 샷이 그려졌다. 핀을 바로 노리고 한 샷. 그린 앞 경사지에 맞고 물로 빠진다. 아쉬워하는 탄성들. 분위기에 들떠 호기를 부린 게다. 그래도 마지막 펏까지 지켜보며 박수갈채를 보내준다. 모자를 벗어 답례를 한다. 갤러리들에 둘러싸여 플레이하는 투어 프로들의 기분이 이렇겠구나 하는 즐거운 경험이다.

코스타 메사
Costa Mesa

Costa Mesa Country Club

Los Lagos course

Mesa Linda course

쇼핑의 메카

Costa Mesa Country Club

Address: 1701 Golf Course Dr, Costa Mesa, CA 92626

Costa Mesa는 오렌지 카운티에 속하는 도시다. 지명은 'Coast Land'의 스페인식 표기에서 유래한다고 한다.

이곳에는 4개 구역으로 구성된 South Coast Plaza라고 하는 거대한 쇼핑몰이 있다. 미국의 유명 백화점은 물론이고, 일명 명품에서 다양한 대중 브랜드까지 모두 아우르는 곳이다. 특정 유명 브랜드의 경우, 이곳 매출이 미국에서 가장 높다고 한다. 그만큼 방문객들로 문전성시門前成市를 이루며, 그 수는 인근에 있는 디즈니랜드와 수위를 다툴 정도라는 말이 과장만은 아닌 것 같다.

누군가 궁극의 쇼핑몰이라고 했던가? 시간 가는 줄 모르고 하염없이 지낼 수 있다는 것은 가족을 동반한 골퍼에게는 최상의 조건이리라. 보통의 한국 가장들이 그러하듯 쇼핑에 열광하지 않는다면, 인근에 36홀의 골프 코스가 항시 대기 중. 튼실한 카드로 가족들에게 충분한 쇼핑 시간을 배려(?)해주고, 나중에 풍성한 식사로 깔끔하게 마무리까지.

상상 만으로도 가슴이 벅차건만 언제나 현실로 다가올 수 있을지.

Costa Mesa Country Club은

18홀의 Los Lagos 코스와

18홀의 Mesa Linda 코스로 구성된 36홀의 대형 골프장이다.

이 중에서 Mesa Linda 코스는 백티Back tee 기준으로 5803야드, 파 70으로 구성된 대표적인 패밀리 코스이다. 페어웨이도 비교적 넓고 Up-Down도 심하지 않다. 스트레스 없이 그저 즐길 수 있는 곳이다.

No. 1 TEE
MESA LINDA

Costa Mesa Country Club의 36홀 중에서 Los Lagos 코스는 백티 Back tee 기준으로 6542야드, Course Rating: 70.7, Course Slope: 117, 파 72 으로 조성되어 있다. Mesa Linda 코스보다는 좀 더 신중하게 플레이를 해야 하며, 세밀한 플레이를 즐기는 데에는 안성맞춤이다.

여러 종류의 골프 클럽들을 섭렵한 후, 드디어 샤프트의 맛을 논하는 단계에 이르면, 골프 중독이라는 신세계로 접어 든 것이 아닐까?

그라파이트 샤프트Graphite Shaft의 경우,

제조 공정에서 사용되는 프리프레그Prepreg의 블랜딩Blending에 따라 그 샤프트 맛이 결정된다고 한다.

사실 블렌딩하면 떠오르는 것, 코냑Cognac이 대표적일 것이다.

보리를 재료로 증류하여 만든 술을 위스키Whisky라 하면, 포도를 증류시켜 만든 술을 브랜디Brandy라 한다.

프랑스 남서쪽 샤렁뜨Charente, 샤렁뜨 마라띰므Charente-Martime 지방에서 재배되는 백포도를 가지고 증류시켜 만든 브랜디를 코냑이라고 부른다. 일명 코냑 지방에서 만들어진 브랜디라는 의미이자 고유명사가 되어버린 것이다.

포도주를 증류하여 10% 정도의 양으로 농축된 브랜디가 생성되고 이를 일정기간 숙성하여 코냑으로 탄생하게 되는 것이다. 이때 숙성시키는 오크통의 종류, 숙성 저장고의 온도, 습도 그리고 숙성기간 등 제조 과정에서의 많은 변수들이 브랜디의 맛과 그 향취를 결정하게 된다.

이처럼 독특한 개성을 가진 브랜디를 서로 혼합하는 과정을 블렌딩이라 한다. 블렌딩은 '궁극의 맛과 향을 추구하는 일종의 예술이다'라는 말이 있듯이 명품 코냑의 탄생을 결정하는 중요한 과정인 셈이다.

9
LOS LAGOS
PAR 4

골프 샤프트의 맛이라 함은,

단순히

'볼을 가격하면서 손을 통해 전달되는 느낌'

정도일지 모른다.

그러나 바로 이 '손맛'이 누군가에게는 '골프를 보다 풍성하게 즐기게 해주는 또 하나의 키'가 될지도.

그래서일까,

오늘도 손에 감기는 맛을 찾아

애써 순례의 길을 떠나는 지도.

그리고 점지된 샤프트Shaft를 바라본다.

샤프트 길이는, 그립Grip은 립그립Rib Grip으로,

트리밍Triming은

소소한 즐거움의 실타래를 애써 풀어간다.

헌팅턴 비치
Huntington Beach

Meadowlark Golf Club

서퍼의 파라다이스

Meadowlark Golf Club

Address: 16782 Graham Street, Huntington Beach, CA 92649

헌팅턴 비치는 오렌지 카운티의 해변가에 위치한 도시로 인근에 카탈리나 섬Catalina island이 있다. 이곳은 지명에서도 알 수 있듯이 10km가 넘는 모래해변으로 유명하다. 온화한 날씨, 파도 조건 등 연중 서핑을 즐길 수 있는 대표적인 곳으로, 서퍼에게는 파라다이스인 셈이다.

세계적인 서핑지로 각광받는 Australia의 골드코스트Gold Coast에 비견 될 수 있을까. 이 또한 절묘한 타이밍이다.

"Surfer's Paradise"라는 닉네임으로 잘 알려진 골드코스트는 수십 ㎞에 이르는 방대한 백사장과 천혜의 조건으로 서퍼들의 로망인 곳이다.

퀸즐랜드Queensland 주에 속한 대표적인 휴양도시인 골드코스트Gold Coast는 지리적으로 가까운 브리즈번Brisbane이 관문이다. 시드니에서는 900여 ㎞나 떨어져있다. 골드코스트에는 주옥같은 골프 코스들도 즐비하다.

Meadowlark Golf Club은 항공사진을 보면 직사각형으로 잘 구획된 도심지의 한 복판에 위치하고 있다.

그만큼 접근성이 좋기 때문에 항시 인산인해人山人海를 이룬다. 특히 주말에는 홀마다 대기하며 하염없이 기다리는 수고를 감내해야 한다.

이 골프장은 블루티Blue tee 기준으로 전장 5568, Course Rating: 67.1, Course Slope: 115, 파 70으로 조성된 전형적인 패밀리 코스이다.

홀마다 길이가 그리 길지 않은 대신에 워터 해저드와 적절한 벙커 배치 등으로 지루함을 달래준다. 특히 파 3홀이 재미있게 세팅되어있다.

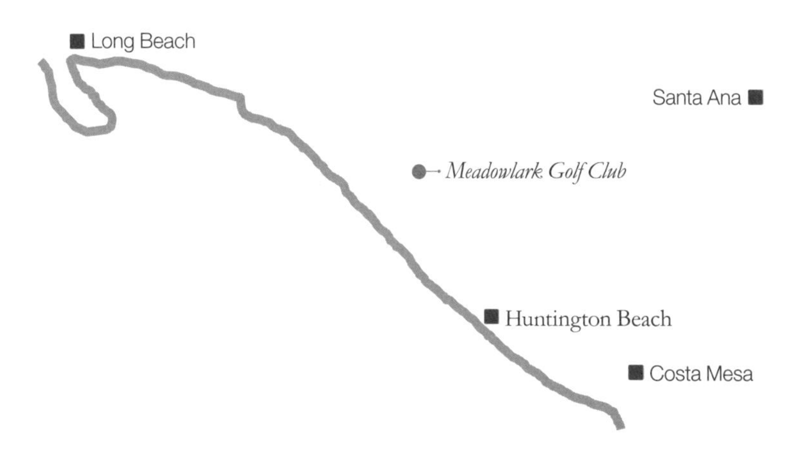

Huntington Beach

마지막 18번 홀은 491야드의 파 5이다. 전방에 넓은 워터 해저드가 있어 청량감을 준다. 이 코스는 충분한 시간적 여유를 가지고 가족이나 지인들과 담소를 나누며 부담 없이 하루를 즐기기에는 안성맞춤이다. 시가를 음미하며 앞 팀의 플레이가 끝나기를 지그시 기다리던 중년 팀의 여유로움. 낯설기만 한 풍경이다. 자주 눈에 띄는 시가가 요즘 트렌드인지…

알리소 비에오
Aliso Viejo

Aliso Viejo Golf Club

아쉬움

Aliso Viejo Golf Club

Address: 33 Santa Barbara, Aliso Viejo, CA 92656

Aliso Viejo는 오렌지 카운티에 속하는 도시이다. 최근 20여 년간 계획도시로 개발되면서 성장을 거듭하고 있다.

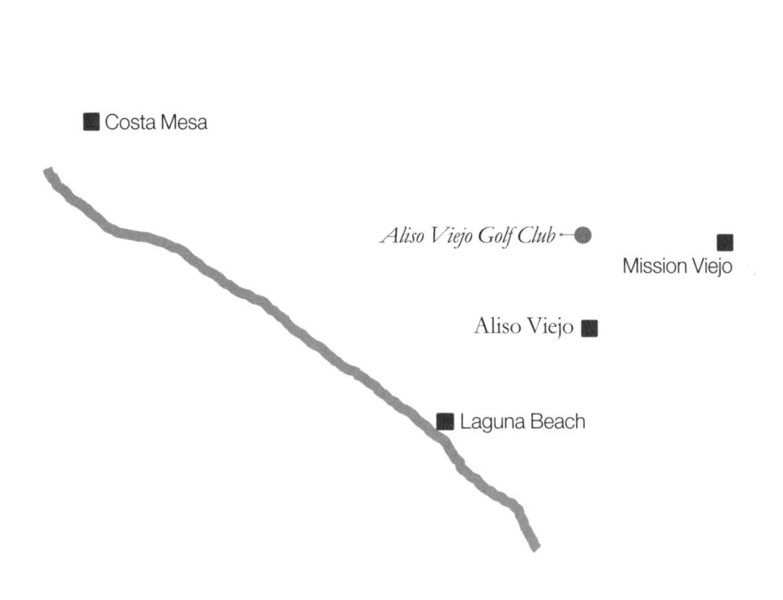

이곳에 Aliso Viejo Golf Course가 위치하고 있다. 이 골프장은 1999년에 잭 니클라우스에 의해 설계된 코스며, 원래는 Creek/Valley/Ridge의 3개 9홀 코스로 이루어진 전체 27홀의 골프장이다. 이곳은 3개의 코스 조합이 가능한데, Creek-Vally 코스는 전장 6435야드, 파 71, Course Rating: 71.3, Course Slope: 131로 구성된다. Ridge-Creek 코스는 전장 6277야드, 파 70, Course Rating: 70.5, Course Slope: 129로 구성되며, Valley-Ridge 코스는 전장 6268야드, 파 71, Course Rating: 70.0, Course Slope: 128로 구성된다. 그런데 방문한 당시에는 리모델링 공사가 한창이어서 어떤 코스인지는 불명확하지만 18홀을 구성하여 운영되고 있었다. 그나마도 17~18홀은 Front 9의 1~2홀을 다시 반복하도록 되어있었다. 플레이된 코스만으로도 매우 도전적인 구성이었으나, 진한 아쉬움을 남긴다.

이 코스에서 가장 인상 깊은 홀. 백티Back tee에서 거리가 156야드라고 명기되어있다. 실제로는 고저차가 대단히 큰 절벽 바로 아래에 그린이 보인다. 저 아래 빨간 점이 홀이 위치한 플래그.

16번으로 명기된 파 5로 조성된 홀. 평창에 있는 휘닉스 파크의 한 홀과 대단히 흡사하다. 설계자가 동일해서일까.

잭 니클라우스는 골프 역사상 최고의 골퍼 중 한명임에 틀림없다. 선수로서 뿐만 아니라 골프와 관련된 다양한 분야에 참여하여 현재까지도 그의 족적을 남기고 있다. 골프장 설계 분야도 대표적인 예로, 전 세계 도처에 300여개의 코스 설계에 참여하였다고 한다. 또한 세계 100대 골프코스 중에서 잭 니클라우스가 설계한 코스도 다수 포함되었다고 한다.

골프다이제스트Golf Digest, 골프 매거진과 같은 골프 잡지들은 물론이고 다양한 매체에서 골프장의 랭킹을 경쟁적으로 발표하고 있다. 나름의 기준을 제시하고는 있지만 터무니없는 골프장이 끼여 있는 등 상업적 결과물이라는 혹평도 제기되고 있다. 최근에 저명 골프코스 설계자들을 대상으로 설문 조사한 결과, 100대 코스 중 1위는 스코틀랜드에 있는 세인트앤드루스Saint Andrews 올드코스Old Course로 선정되었다고 한다. 골프의 성지로 추앙받는 곳. 그러나 코스 설계자가 존재하지 않는 곳. 대규모의 인위적 토목 공사가 배재된 자연의 산물.

가장 좋은 골프코스는 무엇일까? 하는 질문에 대한 설계자들 스스로의 대답이리라.

그렇다면 나에게 좋은 골프코스는 무엇일까?

엄청난 길이, 많은 벙커, 해저드와 같은 트랩Trap으로 무장한 도전적인 코스보다는 동반자들과의 플레이를 통해 그저 즐겁고 재미있는 소박한 코스가 아닐까.

/

다이아몬드 바
Diamond Bar

Diamond Bar Golf Course

/

캘리포니아 드림

Diamond Bar Golf Course

Address: 22751 Golden Springs Drive, Diamond Bar, CA 91765

다이아몬드 바는 LA 다운타운Down Town에서 동쪽으로 30mile 정도 떨어져 있다. 동서로 60번 프리웨이가 관통하고, 남북으로 이어지는 57번 프리웨이는 애너하임까지 연결된다. 북으로 조금 더 올라가면 10번 프리웨이도 있다. 교통의 요지인 셈이다.

이 지역은 원래 소를 키우는 목장지대였다. 1950년대에 다이아몬드

바라는 목장을 구입한 회사가 대대적인 도시 개발을 시작하여 급속도로 발전한 곳이다. 2000년까지 급격한 인구증가를 거듭하였고, 현재는 안정적이다. 인구의 50% 이상이 아시안이며, 백인은 30% 정도라고 한다.

Diamond Bar Golf Course는 William F. Bell이 코스 디자인을 하였고, 1963년에 개장한 오래된 골프장이다.

티 박스는 Blue, White, Sliver의 3가지로 구분된다. 블루티Blue tee 기준으로는 전장이 6801야드 이고, Course Rating: 72, Course Slope: 125의 파 72로 조성되어있다. 레귤러티Regular tee인 화이트티White tee는 전장이 6497야드 이고, Course Rating: 70.8, Course Slope: 121.

3번 홀.

191야드의 파 3. 평지로 평이함. 핸디캡 11.

9번 홀.

188야드의 파 3.

시그니처 홀.

정면의 커다란 연못을 꽃들이 둘러싸고 있다.

심한 오르막 경사지 위에 그린.

홀의 정확한 위치는 가늠할 수도 없다.

그린 좌우측에는 커다란 벙커.

12번 홀.

530야드의 파 5.

좌측에는 나무 병풍.

티잉 그라운드에 선다.

한껏 가슴 부푼 나무하나가 담대히 서있다.

조준선이다.

좌우 나무 사이로 매끄럽게 빠져나가는 게임.

그 후, 길게 이어지는 평지.

무료하다.

16번 홀.

414야드의 파 4.

좌측으로 휘어지는 도그레그 홀.

페어웨이가 아주 넓다.

카트를 타고 구석구석을 누빈다.

루트Route 66 .

동부의 시카고Chicago에서 출발하여 서부 캘리포니아로 이어지는 도로.

LA를 지나 산타모니카Santa Monica에서 끝을 맺는다.

길이는 4000여 ㎞에 이른다. 이 도로는 8개의 주state를 거쳐 길게 이어져 간다.

ILLINOIS - MISSOURI - KANSAS - OKLAHOMA - TEXAS - NEW MEXICO - ARIZONA - CALIFORNIA

현재는 루트 66의 많은 구간이 사라지고 추억만이 가득 쌓인 도로가 되어가고 있다.

1930년대 미국의 대공황을 배경으로 한 소설이 있다. 1962년 노벨 문학상을 수상한 존스타인벡John Ernst Steinbeck의 작품이다. 제목은 《분노의 포도The Grapes of Wrath》. 가난한 소작인 가족이 루트 66을 따라 캘리포니아로 이주하며 겪게 되는 과정과 그 삶이 주 내용이다. 이 소설로 퓰리처상을 수상했다고 한다.

대지가 꽁꽁 얼어붙는 동부에서 캘리포니아는 꿈의 낙원인지 모른다. Mamas&Papas의 California Dreaming이라는 노래에는 진한 동경이 묻어나온다.

기득권을 누리지 못하는 사람들에게 서부는 늘 탈출구였다. 새로운 기회의 땅. 비전이 숨 쉬는 새로운 터전으로서.

서부개척시대 이래로 전해져오는 '캘리포니아 드림California Dreams'

목숨을 건 기나긴 여정을 감내해 내는.

지금도 이 꿈은 유효하다.

아니 더 큰 가슴 부품을 간직한다.

하여 미국 동부에서뿐 아니라 세계 도처에서 아메리칸 드림American Dream, 캘리포니아 드림California Dreams을 안고 모여든다.

'어머니의 넉넉한 품처럼 생명력을 가진 도로'

Mother Road 66을 따라.

뷰몬트
Beaumont

Oak Valley Golf Course

PGA 투어 꿈의 산실

Oak Valley Golf Course

Address: 1888 Golf Club Dr, Beaumont, CA 92223

팜 스프링스Palm Springs는 LA에서 동쪽으로 180km 떨어진 조슈아 트리 국립공원Joshua Tree National Park에 위치한 대표적인 휴양지이다. 3554m에 이르는 산 하신토 산San Jacinto Mountain 기슭의 코아첼라 계곡Coachella Valley에 위치하며 사막에 둘러싸여 있다.

북쪽으로는 데저트 핫 스프링스Desert Hot Springs가 있으며, 과거에는 Agua Caliente라는 스페인 명칭이 사용된 온천지역이다.

남동쪽에는 골프의 수도라는 별칭이 붙은 팜 데저트Palm Desert가 있다. 이곳에는 70여개의 주옥같은 골프코스들이 있다.

팜 스프링스에는 유명한 케이블카가 있다. 승차정원이 80명이며, 360° 회전하면서 올라가는 기상천외한 장치로, 정식명칭은 Palm Springs Aerial Tramway이다. 코아첼라 밸리에서 산 하신토 산의 마운트 역까지 이르는 교통수단이다.

LA에서 10번 프리웨이를 타고 팜 스프링스로 향하다 보면 뷰몬트Beaumont에 이르고 여기에 Oak Valley Golf Course가 있다. 인근에 있는 PGA West Golf Course와 함께 쌍벽을 이루는 곳이다. LA 지역의 퍼블릭 골프장 중에서 최고 자리를 놓고 자웅을 겨루는 골프장이라고 한다. 이곳에서는 PGA 투어의 Stage Two Qualifying Tournament가 개최된다.

티 박스는 Blue, White, Gold, Red로 구분된다. 블루티Blue tee는 전장이 7003야드이며, Course Rating: 74, Course Slope: 138, 파 72의 챔피언십 코스이다. 화이트티White tee는 전장이 6372야드이며, Course Rating: 71, Course Slope: 131.

명성에 걸맞게 상당히 어려운 코스다.

특히, 5번 홀은 블루티Blue tee 기준으로 580야드의 파 5로 조성되어 있다. 이런 코스에서 언더파를 칠 수 있는 괴물들만 PGA 투어에 입

성할 수 있는 것이다.

입구에 들어서면 드넓은 드라이빙 레인지Driving Range가 팔 벌려 맞이한다.

정면에는 Oak Valley가 각인되어 있다. 마치 LA 할리우드힐스Hollywood Hills 지역에 설치된 유명한 랜드마크인 할리우드 싸인Hollywood Sign처럼 말이다.

파운틴 밸리
Fountain Valley

Mile Square Golf Course

메이저 자동차를 꿈꾸다

Mile Square Golf Course

Address: 10401 Warner Avenue, Fountain Valley, CA 92708

파운틴 밸리Fountain Valley는 오렌지 카운티에 속하는 도시이며, 인구는 5만여 명에 이른다. 이곳에 Mile Square Golf Course가 있으며, 1969년에 개장한 오래된 골프장이다.

405번 프리웨이에 인접한, 한 변의 길이가 1mile인 정사각형 모양의 공원이라는 Mile Square Park에 위치하고 있다. 이후, David Rainville에 의해 설계된 두 개의 18홀 코스가 운영되고 있다. 각 각의 코스는 The Classic Course와 The Players Course로 불린다. 전체 36홀의 골프장인 Mile Square Golf Course 중에서 The Players Course는 ChampionShip, Regular, Forward 3개의 티 박스로 구분된다. 챔피언십 티는 전장이 6760야드이며, Course Rating: 72.2, Course Slope: 125의 파 72로 조성되어있다. 레귤러티는 전장이 6334야드이며, Course Rating: 70.5, Course Slope: 119.

또 다른 18홀 코스인 The Classic Course도 티 박스의 구분은 동일하다. 챔피언십티는 전장이 6714야드이며, Course Rating: 71.5, Course Slope: 123의 파 72로 조성되어있다. 레귤러티는 전장이 6415야드이며, Course Rating: 70.1, Course Slope: 120. The Classic course는 페어웨이가 매우 넓고 플레이가 쉽기 때문에 필드레슨에 이용된다고 한다.

The Players Course도 평지에 조성된 전형적인 패밀리 코스이다. 워터 해저드가 많고 몇 개의 홀이 공유한다. 트롤리Trolley를 끌고, 걸으며 플레이하기에 좋다.

사실 골프라는 것이 플레이 시간에 비하여 운동량이 많은 종목이 아니다. 퍼팅을 포함한 스윙 횟수도 얼마 되지 않는다. 그래서일까? 누군가 열심히 계산한 결과가 있다. 타이거우즈가 전성기 때에는 스윙 한번에 240만원을 벌었고, 최경주 선수는 64만원을 벌었다고 한다.

Fountain Valley

대부분의 자동차 경주는 일정한 거리를 누가 빨리 달리는가에 초점이 맞추어진다. F1 이라고 부르는 FIA 포뮬러 원 월드 챔피언십FIA Formula One World Championship이 대표적이다.

그런데 이와 반대로 일정한 시간에 누가 더 먼 거리를 달리는가를 겨루는 경기가 있다. '르망 24시'라고 불리는 대회이다. 프랑스어로는 '24 heures du Mans'라고 하며, 영문으로는 'The 24 Hours of Le Mans'이라 쓴다. 프랑스 르망 지역의 라 샤르트 경주장Circuit de la Sarthe에서 매년 6월에 개최된다. 이 대회의 목적은 스포츠 자동차의 내구성을 겨루는 경기이다. 단순한 빠름이 아니라, 지속적인 빠름이 보장된다는 것을 입증해야 하는 경기인 셈이다. 따라서 자동차를 만드는 제조업체에게는 기술력의 상징이 될 수 있다. 1923년 이래로 많은 명차들이 탄생하였고, 그 명성은 제조사의 몫이었다.

미국 자동차 역사의 시발점인 포드는 1962년부터 이 대회에 참가하기 시작했다. 단기간의 업적에 욕심이 난 포드는 페라리에 기술제휴를 요청하였지만, 페라리의 높은 콧대에 자존심만 구겨졌다. 이후, 절치부심으로 경기용 자동차를 개발하는데 혼신의 노력을 다하여 탄생한 자동차가 포드 GT40이다. 1966년 1, 2, 3위를 싹쓸이하면서, 1960년대 전반기를 화려하게 장식하던 페라리의 전성시대에 종지부를 찍은 자동차인 것이다. 이후 4년 연속 우승을 차지하며 포드의 위상을 한껏 올려놓은 자동차, GT40.

이러한 상징성 때문에 포드 창립 100주년 기념 모델로 포드 GT가

시판되기도 하였다. 최근 갈핀 오토 스포츠Galpin Auto Sports라는 튜닝업체에서는 포드 GT를 베이스로 한 슈퍼카 갈핀포드 GTR1을 소개하였다.

최대출력-1024hp. 토크-102kgf.m의 트윈터보 5400cc V8엔진은 최대 362㎞/h라는 경이적인 속도를 기록한다. 제로백정지상태에서 100㎞/h까지 도달하는데 소요되는 시간은 2초대라고 한다. 그야말로 슈퍼카인 것.

갈핀포드 GTR1의 바디는 모두 알루미늄으로, 수작업으로 만들어진다. 역사적인 자동차 바디의 재탄생 작업이 바로 이곳 파운틴 밸리에 위치한 Gaffoglio Family Metalcrafters, Inc.에서 이루어진다고 한다.

최근 이곳 파운틴 밸리에 현대자동차의 미국 판매 법인 건물이 준공되었다. 대지면적 22,000평, 건물면적 12,600평에 이르는 대규모 건물이라고 한다. 한국 자동차의 역사를 써 가고 있는 현대자동차의 분투를 기원해 본다.

포드 GT40을 뛰어넘는…

하와이 빅 아일랜드

The Big Island / Mauna Lani Resort / Hapuna Golf Course /
Waikoloa Beach Country Club / Kona Country Club

하와이

Big Island

척박함을 넘어 은총의 땅으로

하와이는 어느 섬일까?

Hawaii - The Big Island

우리가 흔히 부르는 하와이Hawaii는 화산 폭발로 이루어진 여러 섬들의 군도이다. 카우아이Kauai, 오아후O'ahu, 마우이Maui, 빅 아일랜드Big Island, 몰로카이Moloka'i, 라나이Lanai를 포함하는 8개 정도의 큰 섬과 100개가 넘는 자잘한 섬들로 600여 ㎞의 지역에 분포하고 있다.

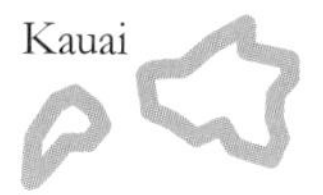

하와이라고 하면, 일반적으로 와이키키 해변Waikiki Beach과 진주만Pearl Harbor으로 대표되는 오아후 섬을 떠올린다. 하와이 주State의 주도인 호놀룰루가 위치하고 있는 하와이 제도에서 세 번째로 큰 섬이다. 이 섬에 하와이 주 인구의 3분의 2이상이 집중되어 있고, 관광과 물류의 중심을 이룬다. 따라서 오아후 섬이 하와이의 실질적 대표성을 갖는다. 그러나 지도를 보면 가장 큰 섬의 이름이 하와이로 쓰여 있다. 이곳이 하와이의 명시적 대표성을 가지는 것이다.

이런저런 혼동성을 고려해서인지, 일반적으로 섬의 명칭인 하와이 아래에 The Big Island라고 표기해놓는다.

하와이섬은 제주도의 7~8배 정도의 큰 섬이다. 그러나 면적대비 인구가 적은 편이다. 아직도 왕성하게 활동하고 있는 화산이 있고 그로 인해 척박한 땅의 점유율이 높은 것도 그 이유인 듯. 그러나 상대적으로 거주성이 용이한 오아후 섬으로의 집중은 관광객들의 눈길을 오히려 다른 섬들로 돌리게 한다.

빅 아일랜드의 북동쪽 해안 지역은 강우량이 많은 곳으로 척박한 남부의 화산지대와는 대조적이다. 이곳에는 풍성한 열대우림과 폭포가 있는 은총의 땅이다. 여기에 힐로Hilo가 위치하고 있다. 힐로는 사탕수수 산업의 중심지였으며, 빅 아일랜드의 행정중심지이고, 하와이 주에서 두 번째로 큰 도시이다. 남부에 있는 유명한 화산국립공원을 가기위해 거쳐야하는 곳으로, 힐로 국제공항도 있다. 그러나 이곳은

1946년과 1960년 두 차례의 강력한 쓰나미 여파로 초토화되었던 슬픈 과거를 간직하고 있다. 하늘에서 바라본다.

빅 아일랜드에서는 살아 숨 쉬는 화산활동을 볼 수 있다. 그것도 근접하여 볼 수 있는. 지구상에서 몇 안되는 유명한 곳이다. 힐로에서 40여분 거리에 있는 하와이 화산 국립공원Hawaii Volcanoes National Park이 바로 그곳이다.

화산 국립공원은 서로 인접한 킬라우에아Kilauea 화산과 마우나로아 화산을 포함하여 빅 아일랜드 남부의 1,335㎢를 차지하는 광활한 지역이다. 킬라우에아 화산은 1983년 이후 현재까지 끊임없이 분화를 반복하고 있는 활화산인 셈이다. 이곳을 방문하면 흘러내리는 용암을 관찰할 수 있으며, 헬리콥터를 이용하면 붉은 용암이 구불구불 대지를 꿰뚫고 바다와 합류하는 장관도 실감나게 볼 수 있다. 덕분에 이 섬의 면적은 지금도 계속해서 늘어간다. 본격적인 투어에 앞서 킬라우에아 여행자안내 센터Kilauea Visitor Center에 가면 화산과 관련된 여러 가지 자료들을 볼 수 있고, 그 특성을 이해하는데 도움이 된다.

1984년에 마지막 분화를 한 마우나로아 화산을 포함하는 이 화산 국립공원의 광활한 지역을 차를 타고 둘러볼 수 있고, 차량통행이 불가능한 지역은 트래킹으로 세밀히 살펴볼 수 있다. 그중 킬라우에아

칼데라를 둘러보는 17㎞ 길이의 도로인 크레이터 림 드라이브Crater Rim Drive가 유명한데, 공원 내의 주요 명소를 볼 수 있다.

원주민에게는 화산의 여신 펠레의 집으로 신성하게 여겨지는 장소. 이 공원의 상징인 할레마우마우 분화구Halemaumau Crater를 바라본다. 1967년, 이 분화구에는 거대한 용암 호수가 있었다고 한다. 아직도 살아 움직임에 대한 표시로 뜨거운 증기가 뿜어져 나오고 있다.

빅 아일랜드를 상공에서 내려다보았을 때, 우측의 힐로지역, 아래쪽의 화산 지역과 더불어 좌측의 공항·리조트 지역으로 구분해 볼 수 있다.

강수량이 많아 습한 힐로 지역과는 다르게 비교적 건조하고 비가 많지 않은 반대편 지역에는 코나 국제공항을 포함해서 많은 호텔과 리조트 들이 개발되어있다. 호텔의 인테리어 뿐 아니라 여러 이벤트가 하와이의 향취를 물씬 풍긴다.

빅 아일랜드의 상징은 그 중심에 있는 마우나케아Mauna Kea 산이다. 그 높이가 4,205m. 바다 밑바닥으로 숨겨져 있는 부분을 포함하

여 해저면에서부터의 높이를 산출해보면 10,203m에 이른다고 한다. 지각활동이 왕성한 지역의 특성상 어느 날 갑자기 이지역이 융기한다면? 8,850m로 세계에서 가장 높은 산인 에베레스트를 가볍게 능가하리라. 이 산 정상에는 마우나케아 천문대Mauna Kea Observatories가 있다. 때묻지 않은 자연에서 일몰과 별자리를 보려는 사람들이 몰린다. 그러나 간다면 꼭 물어보자. 현재는 휴화산이지만 긴 휴식을 마치고 언제 기지개를 펼지.

코나 국제공항Kona International Airport을 중심으로 위쪽에는 주로 고급 리조트들이 있고, 아래쪽으로는 커피공장 등 산업시설과 더불어 콘도 등이 밀집되어있다.

해안을 따라 주옥같은 골프코스들이 조성되어있다.

골퍼의 로망 – 바다건너 날려보자

Mauna Lani Resort

골퍼의 로망 – 바다건너 날려보자

Mauna Lani Resort

Address: 68-1400 Mauna Lani Drive, Waimea, HI 96743

마우나 라니 리조트의 골프 코스는 코할라Kohala 해변에 위치한 주요 리조트 코스 중에서 으뜸인 곳이다. 유명 골프 잡지인 Golf Magazine에 Gold Medal Resort Course로 선정된바 있다.

18홀로 조성된 남 코스 Francis H. I'i Brown South course와 18홀로 구성된 북 코스 Francis H. I'i Brown North course로 나뉜다. 총 36홀의 대단위 골프장이다.

남 코스에서는 지난 11년간 매년 Senior Skins Game이 열리곤 했다. 한때 중원의 패권을 다투던 무림 고수들. PGA 챔피언스 투어를 통해서 세월의 흐름마저도 비켜가는 듯하다.

현재 남 코스는 Hawaii State Open이 열리는 홈 코스이다.

오래전 카니쿠 용암류Kaniku lava flow로 형성된 황량한 용암지대를 녹색의 물결이 마치 뱀처럼 구불구불 이어지는 장관. 더불어 바다를 끼고 펼쳐진 남 코스. 그만큼 경관이 수려하기 때문에 유명세를 타고 있는 것이다.

이 남 코스에서도 특히, 7번과 15번 홀이 룰라할라Lulahala 쪽에 위치한 바다에 인접하게 설계되어있다.

이 코스의 별인 15번 홀에서는, 누구나 한껏 부푼 가슴으로 바다를 건너서 티샷을 한다. 때문에 골프잡지에 이국적 향취가 물씬 풍기는 홀로 화보와 함께 가장 많이 소개되는 환상적인 홀이기도 하다.

챔피언십 티 기준으로 전장 6913야드, Course Rating: 73.2, Course Slope: 136, 파 72로 조성되어 있다.

운이 다한 노쇠한 어부

낚시에 걸린 물고기

사투

배에 끌어올릴 수 없을 정도의 거대함

피 냄새

다시금 상어와의 사투

앙상한 물고기 잔해와 함께하는 귀항

오두막에서의 꿈-아프리카 초원을 누비는 사자

1952년 출간된

《노인과 바다The Old Man and the Sea》

퓰리처상과 노벨 문학상의 영예를 안긴

어니스트 헤밍웨이Ernest Hemingway의 대표작.

이 작품에 등장하는 거대한 물고기의 실체는
선상 낚시꾼들의 최후의 꿈이라고 하는
청새치이다.

Blue Marlin이나 Striped Marlin으로 불리며,
학명은 Tetrapturus audax.
긴 창 모양의 위 턱
시속 100㎞가 넘는 고속 질주
6m, 500㎏도 훌쩍 넘어가는 거대한 생명체.

소형 낚싯배를 전복시킬 정도의 괴력의 소유자.
물위로 튀어 오르는 장관.
좌중을 압도하는 모습.
이 골프장의 Name Tag는 역동적이다.
태평양 한복판을 제집 삼아 살아가는 요녀석 덕분에.

7번 홀의 티잉 그라운드에 서면,
저절로 "바다다!!"가 입에서 새어나온다.
그리고 압도된다.
푸른 바다와의 경계를 온몸으로 감싸며 끝없이 이어지는 바위들의 행렬이 마치 눈동자처럼 검다.
우측으로는 여기가 땅이라고 외치는 강렬한 녹색의 향연이 펼쳐진다.
티잉 그라운드에 선 골퍼는 이미 무장해제다.

그린을 바라본다.
핀Pin을 확인한다.
샷Shot을 날린다.
그린은 좌우 방향으로 무려 50야드나 되기 때문에 핀 위치에 따라 온그린이 무의미할 수도 있다.

압도된 시선 너머로 흐릿한 능선이 이어진다.
이 섬의 중심 추인 마우나케아 산을 향해서.
뭉치고 풀어헤친 구름.
그리고 하늘.
그저 이 사진 속으로 녹아 들어갈 뿐이다.

12번 홀은 198야드의 파 3.

커다란 호수에 물이 가득 차있다.

그리고 그 너머에는 더 짙은 물이 차있다.

묘한 대조를 이룬다.

야자수들은 온갖 풍상을 겪어낸 소나무를 닮았다.

15번 홀은 이 골프 코스의 꽃이다.

골퍼라면 누구나 꿈에 그리는.

철썩이는 파도를 가르는.

티잉 그라운드에 서면 가슴이 사정없이 요동친다.

196야드의 파 3.

겨울,

저 너머 바다에는 혹등고래Humpback Whale가 유유히 노닌단다.

어쩌면 물위로 뛰어오르는 멋진 브리칭Breaching 동작을 볼지도.

야자수가 온몸으로 바람을 받아낸다.

그래서 나는 바다를 향해 샷을 날린다.

차마 그린을 보지 못하고.

그린에서 티잉 그라운드를 바라본다.

검은 화산암에 솟아있는 녹색의 섬.

1평 남짓 환상의 작은 섬.

15번 홀

이곳은 블랙 홀Black Hole이다.

온몸의 기를 남김없이 빨아들이는.

그저 넘실대는 파도만이 머릿속에서 맴돌 뿐.

/

마우나 케아 자락에서 바다를 굽어보다

Hapuna Golf Course

/

마우나케아 자락에서 바다를 굽어보다

Hapuna Golf Course

Address: 62-100 Kauna'oa Dr, Kamuela, Hawaii, HI 96743

하푸나Hapuna 골프코스는 카무엘라Kamuela에 위치한 Mauna Kea Resort에 있는 골프장이다. 거의 전 코스에서 바다를 볼 수 있도록 홀들을 구성한 아름다운 코스이다.

이곳 역시 Golf Magazine에 Gold Medal Resort로 선정된 곳이다. 해변과 직접적으로 인접한 홀은 없지만 언덕에서 거시적으로 바다를 조망하는 것도 나름 가슴 뿌듯하게 한다.

사실 인근에 있는 Mauna Kea Golf Course가 더 유명한 코스이며, 과거 록펠러Rockefeller가 이 골프장을 조성한 후에 '이 보다 더 아름다울 수 없다'고 자평했을 정도로 이름난 코스다. 허나 불행히도 Course Renovation 때문에

당분간 폐장이란다. 아쉬울 따름이다.

그러나 하푸나 골프코스도 마우나케아 산을 바라보는 구릉지에 조성되어 산과 어우러진 바다를 즐길 수 있다. 광활한 태평양의 수평선이 늘 나의 눈높이에 걸친다.

Champioship tee 기준으로 전장 6875야드, Course Rating: 73.3, Course Slope: 136, 파 72로 조성되어있다.

372야드의 파 4
10번 홀의 그린에서 바다를 본다.
해안선을 더듬고 마우나케아 산으로 오른다.
그린의 깃발이 외롭지 않다.

11번 홀.

550야드의 파 5.

멀다.

산자락에 걸려있는 구름만큼이나.

14번 홀.

566야드의 파 5.

이 코스에서 전장이 가장 길다.

수평선을 향해 간다.

그린이 바다에 걸려있다.

162야드의 파 3.

16번 홀.

커다란 그린.

마음이 평안해 진다.

모든 샷을 다 받아 줄 것 같은 넉넉함에.

격전을 마치고 빅 아일랜드의 밤하늘을 바라본다.

그리고 놀란다.

아니 경악의 수준이다.

헤아릴 수 없는 별들이 쏟아져 내린다.

그리곤 생각에 잠겨본다.

이 우주는 어떤 모습일까?

혹여 지구와 닮은 행성은?

그래서 결심한 사람들이 줄을 이어왔다.

우주를 샅샅이 살펴보겠다고.

그 노력의 대표주자

허블우주망원경Hubble Space Telescope

무게 12.2t, 주거울의 지름 2.4m, 경통의 길이 13m

지구 상공 610㎞의 궤도를 1시간 37분에 한 번씩 돈다.

덕분에 우리는 1990년 이래 지금까지 근사한 설명이 곁들인 멋진 우주 사진들을 감상할 수 있었다.

그리고 이곳 빅 아일랜드에 또 다른 대표주자가 있다.

켁Keck 망원경

마우나 케아 정상의 W. M. 켁 천문대W.M.Keck Observatory에 설치된 세계에서 가장 큰 광학 망원경이다.

지름 1.8m 육각형 거울 36개를 벌집 모양으로 연결하여 지름 10m에 해당하는 단일 반사경을 구현한 것.

2기가 설치되어있다.
지상 천체망원경을 건설하기에 가장 이상적인 곳.
마우나 케아.
해발고도 4,205m.
태평양의 한가운데.
바로 수궁이 되는 곳이다.

그 하늘 속에서 귀한 바늘을 찾으려 지금도 애쓰고 있는 사람들을 떠올려본다.
우리와는
우주를 바라보는 시각도
세상사를 바라보는 시각도
사뭇 다르리라.

깜짝 갤러리들의 함성

Waikoloa Beach Country Club

깜짝 갤러리들의 함성

Waikoloa Beach Country Club

Address: 1020 Keana Pl, Waikoloa, Hawaii, HI 96738

이 지역에는 유명한 힐튼 와이콜로아 빌리지Hilton Waikoloa Village가 있다. 일반 호텔의 개념으로는 상상하기 힘들 정도이며, 리조트의 규모면에서도 대단한 곳이다. 일단 안에 들어서면 밖에 나갈 일이 없을 정도로 시설이 잘 갖추어져 있다. 리조트 내에서의 이동도 간이 기차Tram나 수로Water Course를 따라 이동하는 보트Boat로 하도록 되어있다.

특히나, 어린 자녀를 동반하는 경우라면 인기 최고의 장소라 할 수 있겠다. 미국에는 워낙 다양한 프로모션들이 많기 때문에 정상 가격이라는 것이 큰 의미가 없으므로 이를 잘 활용하면 많은 부담을 덜어낼 수 있다. 이곳에는 재미있는 프로그램들이 많지만 돌고래를 직접 만져볼 수 있는 이벤트가 눈에 띈다.

인근에 조성되어 있는 골프 코스가 Waikoloa Beach Country Club 이다. 이곳은 와이콜로아Waikoloa에 위치한 리조트 골프 코스로 18홀의 비치코스Beach Course와 또 다른 18홀의 King's course로 구성된 전체 36홀의 골프장이다. 이곳은 Golf Magazine에 Silver Medal Resort로 선정된 곳이다. 이중 비치 코스는 다를 인접하여 조성되어 인기가 높다. 특히, 해안가를 따라 조성된 12번 홀은 황홀경에 빠지게 한다. 일부 홀들은 호텔 객실 건물과 인접하게 조성되어 있어 플

레이 도중 뜻밖의 갤러리 함성을 들을 수 도 있다.

이 코스는 챔피언십 티 기준으로 전장 6566야드, Course Rating: 71.6, Course Slope: 134, 파 70으로 구성되어있다.

397야드의 파 4로 조성된 10번 홀의 세컨드 샷 지점에서 바라본 그린. 시커먼 화산암과 그린의 조화.

12번 홀은 502야드의 파 5로 조성되어있다.

이 코스의 시그니처 홀이다.

티잉 그라운드에 선다.

바다를 바라본다.

그리고 수평선너머 티샷Tee Shot을 날린다.

좌측으로 90° 휘어지는 도그레그 홀이다.

세컨드 샷부터는 우측 해변을 따라 플레이한다.

세 번째 샷이 바람에 밀려 그린 옆 벙커에 빠진다.

염분이 많은 모래. 좀 더 강하게 벙커 샷.

운 좋게 공이 핀 30㎝ 정도에 붙는다.

순간 어디선가 "Good shot"하는 외침.

깜짝 놀라 둘러보니 호텔 테라스에서 맥주를 마시던 부부가 내 플레이를 보고 있었는가 보다.

뜻밖의 갤러리 등장에 모자를 벗어 화답하고 탭인 파.

또 한 번의 유쾌한 경험.

호텔의 전망은 중요하다. 물론 개인 취향. 이곳 객실의 구분도 Ocean View, Golf Course View, Mountain View, Garden View 등 다양하다. 이 곳 Golf Course View를 선택한 투숙객에게 무료함을 달래준 것 같아 뿌듯하다.

17번 홀 티잉 그라운드에서 바라본다.

까만 화산암들이 코스를 감싼다.

엄밀히 표현하면 화산에서 분출한 용암이 식어서 형성된 화산암 혹은 분출암이라 표현하는 것이 맞다.

더 세분하면 현무암, 조면암질 현무암, 현무암질 조면안산암, 조면안산암, 조면암 중에서 하나일 듯.

더 이상은 이 분야의 전문가 영역이므로 그래서 그저 화산암으로 해두어야겠다.

하와이언 코나의 풍미

Kona Country Club

하와이언 코나의 풍미

Kona Country Club

Address: 78-7000 Alii Dr, Kailua Kona, Hawaii, HI 96740

이 골프장은 빅 아일랜드의 관문인 코나 국제공항의 남쪽 카울리아-코나Kaulia-Kona 지역에 위치한다. 이곳은 해안가를 따라 조성된 18홀의 Ocean course와 구릉지를 따라 조성된 18홀의 Mountain course로 구성된 전체 36홀의 코스를 갖는 대형 골프장이다.

이중 오션 코스는 바다에 인접해 조성되어있어 산악 코스보다 인기가 높으며, 일반인에게 열려있는 골프장의 코스로는 매우 훌륭한 코스이다.

보통 Back 9에 바다를 인접한 홀들을 배치하는데 비하여 이 코스는 전반 홀부터 감동의 물결을 불러일으킨다.

오션 코스는 챔피언십 티 기준으로 전장 6748야드, Course Rating: 72.8, Course Slope: 129, 파 72로 조성되어 있다.

커피 마니아라면 지역 명칭만으로도 흥분할 듯하다.

이곳에서 생산되는 하와이안Hawaiian 코나kona는 자메이카Jamaica의 블루마운틴Blue Mountain, 예멘Yemen의 모카Mocca와 더불어 세계 3대 커피 중 하나이다.

태양이 바다의 푸른빛을 반사시켜 자메이카 섬의 산 전체가 푸른 빛깔로 보인다고 하여 붙여진 이름. 블루마운틴. 멋진 이름만큼이나 품위 있는 맛으로 유명하다.

커피가 세계로 퍼져나갈 무렵의 대표적인 커피 무역항. 예멘의 모카. 이 이름의 커피는 초콜릿 향이 깃든 깊고 풍부한 향이 특징이라 한다.

코나 커피는 화산섬인 빅 아일랜드의 토양과 햇살이 베푼 은총의 결과이다. 12월이면 붉게 잘 익은 커피체리를 하나씩 수작업으로 정성스럽게 수확한다. 그만큼 품질이 매우 좋다. 원두는 최고 등급인 엑스트라 펜시Extra Fancy로부터 펜시, #1, 프라임의 4개 등급으로 구분된다.

향이 풍부하고, 상큼한 신맛과 엷은 단맛이 어우러진 깊은 맛. 코나 커피에 대한 평이다. 최고등급의 원두를 잘 로스팅해도 결국 추출해내는 것이 관건. 현지 바리스타에 의하면 3분은 너무 엷고, 5분은 너무 진하다. 가장 적절한 추출시간은 4분이라고 귀띔해준다.

약간의 흥분과 긴장감 유발하여 졸음방지와 집중력 향상. 이것이 커피에 함유된 카페인의 순기능. 이렇게 보면 커피는 단순한 기능성 음료인 셈인지도 모른다.

최근, '커피의 눈물'로 미화된 더치Dutch 커피가 유행이다. 차가운 물로 최대 12시간 추출한 커피. 일본 커피업체 마케팅의 산물은 아닐까? 마치 가을은 독서의 계절이라는 것처럼.

499야드의 파 5로 조성된 2번 홀의 그린 정경.
하얀 벙커, 야자수, 구름 한 점 없는 온통 푸른 하늘,
그리고 쪽빛 바다.

기어이 정신줄을 놓았다.

3번 홀이다.

Black-Yellow의 통렬함과는 격이 다른 Black-Green의 조화.

파도 소리의 리듬을 탄다.

221야드의 파 3.

긴 한숨.

그러나 가슴에 담는다.

12번 홀.

194야드의 파 3홀.

야자수들의 호위를 받는 그린.

흰 깃발의 흔들림이 어렴풋하다.

태평양을 향해 간다.

13번 홀의 티잉 그라운드에서 바다를 본다.

티샷은 물론 3시 방향.

볼을 쳐야한다는 생각조차도 잊는다.

호젓이 서있는 야자수 한 그루가 조용히 속삭인다.

여기가 바로 하와이라고.

도시·골프장 찾아보기

하와이 빅 아일랜드

살아가다 보면

어느 시기엔가

광대무변의 **열정**을 쏟아 붓는

그래서

홍역을 치루는 대상이 생긴다.

어쩌면,

이곳에 풀어놓은 것들도

인생 여정에서

하나의 광풍이

불고 지나간 흔적이요,

그 반추인지 모른다.

아주 특별한 경우를 제외하고는

설렁탕 한 그릇

혹은

두, 세 그릇 셈을 치루고

기꺼이

꿈길을 걸었다.

아니

그보다는

막연했던

꿈속

퍼즐 조각들을

더디게

하나씩 맞추어 나갔다는 것이

적절하리라

너무도

감사한다.

몰입 할 수 있었음에

그리고

이제

자유로울 수 있음에…

초판 1쇄 인쇄일 2015년 02월 11일
초판 1쇄 발행일 2015년 02월 16일

지은이 김효준
펴낸이 김양수
편집·디자인 이정은

펴낸곳 도서출판 맑은샘
출판등록 제2012-000035
주소 경기도 고양시 일산서구 중앙로 1456(주엽동) 서현프라자 604호
대표전화 031.906.5006 **팩스** 031.906.5079
이메일 okbook1234@naver.com
홈페이지 www.booksam.co.kr

ISBN 979-11-5778-014-3 (03980)

「이 도서의 국립중앙도서관 출판시도서목록(CIP)은 서지정보유통지원 시스템 홈페이지(http://seoji.nl.go.kr)와 국가자료공동목록시스템(http://www.nl.go.kr/kolisnet)에서 이용하실 수 있습니다.(CIP제어번호: CIP2015004979)」